王俊生 张立勇 杨建肖 贾赞利 等编著

城市生活垃圾
分类与管理知识读本

CHENGSHI
SHENGHUO LAJI
FENLEI YU GUANLI
ZHISHI DUBEN

全国百佳图书出版单位

化学工业出版社

·北京·

生活垃圾分类是与城市发展、市容美化、人民幸福生活密切相关的重要基础工作。本书通过对城市生活垃圾情况进行实地调研、数据分析，运用科学方法得出了影响垃圾分类的瓶颈问题，并根据垃圾分类影响因素，提出城市生活垃圾分类方案以及适用于不同人群的管理措施。

　　全书共分为 6 章，主要介绍了城市生活垃圾分类的现实意义及社会价值，解读了垃圾分类相关政策文件、生活垃圾分类存在的问题，探讨了城市生活垃圾分类原则和具体方法、不同区域的垃圾分类方法、城市生活垃圾运输方式、设备、路线优化及收运流程和收运系统，提出了分类后生活垃圾处理处置与资源化的技术、方法和对策，并强调了加强城市生活垃圾管理的重要性，分享了生活垃圾管理制度、方法和模式创新，介绍了垃圾分类知识传播途径、无废城市建设与国外城市生活垃圾处理典型案例，还以垃圾分类小百科的形式点明了需要注意的事项，方便读者参考，并养成垃圾分类好习惯。

　　本书可供社会大众、保洁人员、环卫工人、管理部门、关联企业及员工等不同人群作为生活垃圾分类参照依据、行为指南和学习资料，也可以作为生活垃圾分类普及教育的科普读物，还可供环卫部门开展城市生活垃圾无害化、减量化及资源化管理参考和使用。

图书在版编目（CIP）数据

城市生活垃圾分类与管理知识读本/王俊生等编著.
—北京：化学工业出版社，2019.12（2022.1 重印）
ISBN 978-7-122-36123-3

Ⅰ.①城…　Ⅱ.①王…　Ⅲ.①生活废物-垃圾处理-普及读物　Ⅳ.①X799.305-49

中国版本图书馆 CIP 数据核字（2020）第 011922 号

责任编辑：卢萌萌　刘兴春　　　　　　　　装帧设计：史利平
责任校对：王　静

出版发行：化学工业出版社（北京市东城区青年湖南街 13 号　邮政编码 100011）
印　　装：涿州市般润文化传播有限公司
710mm×1000mm　1/16　印张 9¾　字数 146 千字
2022 年 1 月北京第 1 版第 5 次印刷

购书咨询：010-64518888　　　　　　　　售后服务：010-64518899
网　　址：http://www.cip.com.cn
凡购买本书，如有缺损质量问题，本社销售中心负责调换。

定　　价：48.00 元　　　　　　　　　　　版权所有　违者必究

前言

　　生活垃圾分类是与城市发展、市容美化、人民幸福生活密切相关的重要基础工作。随着居民对人居环境需求的提高，完善垃圾分类收运系统，引导城市居民养成生活垃圾分类意识，规范城市居民生活垃圾分类行为，迫在眉睫，将垃圾正确分类投放并减量处理越来越受到社会和公民的重视。

　　我国经历了改革开放高速发展的 40 多年，国民经济和人民受教育程度逐年升高，基础设施日益完备。但是，相比于高速发展的社会经济和日益美好的城市生活，城市居民的生活垃圾分类知识略显匮乏，仍有相当严重的垃圾混投、乱扔现象，进一步影响到了城市生活垃圾资源化再利用。通过科学分析城市生活垃圾分类影响因素，选择适合的城市生活垃圾分类方案，可以改变城市生活垃圾分类状况，最大限度实现城市生活垃圾资源化利用，减少城市生活垃圾处理量及其产生的二次污染，美化城市环境。

　　十九大报告提出推进国家和社会绿色发展，推进资源全面节约和循环利用，倡导简约适度、绿色低碳的生活方式，为实施城市生活垃圾分类投放、分类收集、分类运输、分类处置提供依据和政策。

　　本书通过对城市生活垃圾实地调查分析，得出实施垃圾分类处理工作影响因素权重，并根据城市不同功能区生活垃圾产生特点，提出生活垃圾分类方案；并根据相应的分类投放设施标准、分类收运规范，以及垃圾终端处置的场地，结合适宜分类方案及垃圾分类知识教育，有效推进城市垃圾分类普及工作。

　　本书从多方面对城市生活垃圾分类进行了系统评价，从而针对城市生活垃圾分类工作分类别分区域提出了分类方案和途径，主要内容如下：

　　第 1 章，分析了城市生活垃圾分类对于城市发展的现实意义以及社会价值，阐释了城市生活垃圾分类工作相关的支持文件，以及城市生活垃圾分类基础理论，包括可持续发展理论及相关概念。最后总结了城市生活垃圾分类存在的问题。

第2章，概述了城市生活垃圾的分类原则和分类依据，具体介绍了城市生活垃圾分类方法以及在不同区域所产生的垃圾分类形式。简单介绍了一些其他国家的垃圾分类现状以及一些城市生活垃圾分类小常识。

第3章，梳理了城市生活垃圾收运流程，包括城市生活垃圾运输、垃圾收运系统、收运路线与建议。

第4章，介绍了城市生活垃圾处置流程，包括城市生活垃圾预处理、垃圾终端处置方法。阐述了开展城市生活垃圾分类对于城市发展的管理价值以及资源化意义。

第5章，阐述了城市生活垃圾的管理制度，包括政府加强管理力度、增强市民的分类意识以及创新垃圾分类宣传形式。

第6章，介绍了无废城市概念并探讨了"桑基鱼塘"对无废城市的借鉴意义，还梳理了国外城市生活垃圾资源化的优秀案例。

总之，本书强调理论分析与实践经验相结合，论述深入浅出，语言平实易懂，内容丰富翔实，并辅以插图和漫画。本书对城市生活垃圾分类评价、分类措施、分类推广有积极的指导意义和参考价值。

本书由王俊生、张立勇、杨建肖、贾赞利等编著。参加本书编著的人员及分工如下：第1章和第2章由王俊生、兰杰编著，第3章和第4章由贾赞利、王井芮编著，第5章、第6章由张立勇、张艺凡编著，附录由杨建肖、武玉冲编著，书中插画由马佳宁完成。全书由王俊生、张立勇统稿并定稿，由河北农业大学刘俊良教授审校。

本书的出版得到了河北省省级科技计划（19K53812D）以及河北省人才培养工程（A201901047)等项目资助，得到了化学工业出版社的大力支持，在此一并致谢。

在本书的编著过程中参考和引用了大量的研究成果、工程案例、新闻报道和网络图片，部分出处在应用过程加以标明，尚有一些没有在书中体现，在此深表歉意，并表示衷心感谢。

由于作者水平及时间有限，书中难免有不足之处，敬请广大读者批评指正。

编著者
2019 年 10 月

目 录

第1章

城市生活垃圾概述

1.1 城市生活垃圾基本概念解析

1.1.1 城市生活垃圾定义与来源

（1）城市生活垃圾定义

垃圾是指失去使用价值、无法利用的废弃物品，是物质循环的重要环节，是不被需要或无用的固体、流体物质。

固体废物是指在生产、生活和其他活动过程中产生的丧失原有的利用价值或者虽未丧失利用价值但被抛弃或者放弃的固体、半固体和置于容器中的气态物品、物质以及法律、行政法规规定纳入废物管理的物品、物质。根据《中华人民共和国固体废物污染环境防治法》（2004 年修订，下文中简称《固体法》）分为城市生活垃圾、工业固体物和危险废物。

城市生活垃圾是指在城市日常生活中或者为城市日常生活提供服务的活动中产生的固体废物以及法律、行政法规规定视为城市生活垃圾的固体废物。

（2）城市生活垃圾来源

2011 年 5 月 17 日，中华人民共和国住房和城乡建设部颁布了《生活垃圾产生源分类及其排放》（CJ/T 368—2011），该标准规定了城市生活垃圾来源，产生城市生活垃圾的各种场所主要包括居民家庭、清扫保洁、园林绿化作业、商业服务网点、商务事务办公机构、医疗卫生机构、交通物流场站、工程施工现场、工业企业单位以及其他场所。

1.1.2　城市生活垃圾分类意义与原则

（1）城市生活垃圾分类意义

城市生活垃圾分类是实现减量、提质、增效的必然选择，是改善人居环境、促进城市精细化管理、保障可持续发展的重要举措。能不能做到垃圾分类，直接反映一个人，乃至一座城市的生态素养和文明程度。从这个意义上讲，垃圾分类今天最时尚，对于提升生态文明和社会文明起着抓手的作用。

《固体法》规定：城市生活垃圾应当按照环境卫生行政主管部门的规定，在指定的地点放置，不得随意倾倒、抛撒或者堆放。垃圾分类就是让人们将产生的垃圾有区别地投放，将已产生的垃圾分门别类地堆放，并通过分批次、分时间清运和回收使之重新变成可利用资源。

我国城乡一体化进程不断推进，人民生活水平日益提高，而居民环保意识略有滞后，多数市民对垃圾分类存在的问题（见图 1-1）很少留意，甚至部分居民根本不了解垃圾投放需要分类，这就导致城市生活垃圾规模不断膨胀，许多城市都陷入垃圾围城的窘境。相关调查显示全球目前每年产生垃圾约为 20 亿吨（信息取自《2050 年全球固体废物管理一览》），我国城市生活垃圾产量超过了 1.6 亿吨，这使我国成为世界上最大的垃圾产生国之一，且我国目前垃圾产量正以 8%～10% 的增长率递增。垃圾量基数大、增速快，

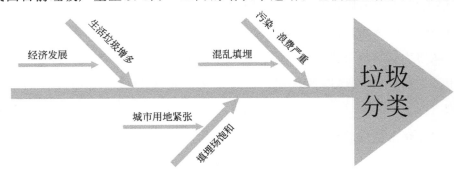

图 1-1　垃圾分类存在的问题

后续垃圾一旦不能得到妥善处置，不仅会带来严重的经济损失，还会对环境造成巨大破坏。垃圾围城现象，在部分城市还有乡村都普遍存在。但对这一现象居民似乎毫不在意，长时间以来大量垃圾堆放渐渐占用了大量土地，通过不同途径进入地下水通道的因垃圾产生的渗滤液造成了地下水污染，在垃圾发酵、腐化的过程中会不断地产生一些有害气体，例如：氨、硫化氢和甲烷等，这些气体逸入空气中易造成空气污染，致使环境恶化，严重的还会影响人和动物的身体健康。

目前，我国城市生活垃圾处理水平有限，大量生活垃圾为后续处理带来困难。垃圾大量产生的原因在于，市民的垃圾分类意识淡薄，可回收物如塑料、纸张、橡胶等不能得到合理分类投放，对后续回收处置造成极大困难，导致垃圾的不合理处置，对环境造成了很大危害。为此，应逐步普及生活垃圾分类知识，让公众对垃圾分类的认识越来越深，使垃圾分类得到更多的重视。生活垃圾是在市民吃、穿、住、行等生活过程中不可避免会产生的，这些垃圾蕴含着丰富的再生资源，有着"城市矿产"的美誉，从生活垃圾中可提取大量稀贵金属、可再生资源等，如电子垃圾被誉为是世界上最富的"金矿"。

将垃圾分类进行投放，合理处理垃圾就是在节约资源。垃圾分类不仅可以从源头减少垃圾量，还可以为人类带来更好的社会效益、经济效益和生态效益（见图1-2）。

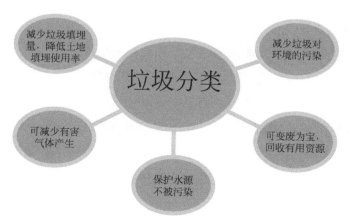

图1-2 垃圾分类的益处

① 减少垃圾填埋量，降低土地填埋使用率。

生活垃圾中多含不易降解物质或难降解物质，如塑料、泡沫等，此类垃圾长期埋于地下而不腐，危害土壤安全。垃圾分类可将不易降解物质进行回收再造，垃圾填埋数量可减少 50％以上。

② 减少对环境的污染。

以废弃的电池和电子产品为例，其中多含金属汞、镉等有毒物质，这些有毒金属会对人类产生严重的危害。采用填埋的方法处置垃圾，有毒金属元素随渗滤液进入土壤，一方面污染土壤环境，另一方面还降低作物根部中的其他营养元素含量，导致作物自身机能退化，有毒、有害物质还会降低土壤肥力，导致农作物减产。严重时重金属通过食物链富集，传递到人体或动物体内，危害人畜健康，引发癌症。此外，重金属含量过高的土壤，在径流和风力的作用下，会分别进入到大气和水体当中，导致大气、地表水、地下水污染等生态问题。

③ 可变废为宝，回收有用资源。

例如，中国每年使用塑料快餐盒达 40 亿个，方便面盒 5 亿～7 亿个，一次性筷子数十亿双，这些占生活垃圾的 8％～15％。1t 废塑料可回炼 600kg 的柴油。回收 1500t 废纸，可免于砍伐用于生产 1200t 纸的林木。

④ 保护水源不被污染。

被随意丢弃的厨余垃圾和白色垃圾一旦进入水源地就会造成水源污染。垃圾填埋产生的渗滤液，不经处理进入水体，使得水体黑臭，受污染水体随着雨水逐渐渗入地下水，会危害地下水的水源安全。

⑤ 可减少有害气体产生。

如今无害化处理方式多为焚烧发电处理，当垃圾未能分类而直接进行焚烧时，混杂其中的塑料泡沫甚至有毒物质，在燃烧时会挥发出一氧化碳、氧化氮、聚苯乙烯等有害气体以及剧毒气体氰化氢，这些有毒、有害气体极易使当地居民患上吸收性肺炎、支气管炎等呼吸道疾病，危害人体健康。

将垃圾进行分类不仅是为了保护环境，还可以在短期内产生经济效益，从长远来看，节约资源、保护水源符合可持续发展战略，造福子孙后代。

（2）垃圾分类的原则

垃圾分类是指居民按照一定规定或标准将垃圾分类储存、分类投放和分类转运，从而转变成可利用资源的一系列活动的总称。垃圾分类的目的是提高垃圾的资源价值和经济价值，最大程度做到物尽其用，循环利用。

国内外对生活垃圾进行分类，大都根据垃圾的组成成分、产生垃圾总量多少，结合本地垃圾的资源利用和末端处置方式进行分类。

为推进垃圾科学化处理，加速垃圾的回收利用，我国颁布了《城市生活垃圾分类及其评价标准》（CJJ/T 102—2004），规范了城市生活垃圾如何进行科学分类并划出了具体的标准，为地方各级政府、相关部门和居民对生活垃圾进行合理分类提供依据，同时还针对垃圾回收主体，基于各类垃圾的特性，提出了对垃圾进行有针对性回收、运输的途径。

垃圾分类五原则

分而用之：分类的目的是将废弃物分流处理，利用现有生产制造能力，回收利用可回收物，包括物质利用和能量利用，填埋处置暂时无法利用的垃圾。

因地制宜：各地、各区、各社（区）、各单位地理位置、经济发展水平、回收利用废弃物的能力、居民来源、生活习惯、经济与心理承担能力等各不相同，应根据具体情况实施垃圾分类。

自觉自治：社区和居民，包括企事业单位，逐步养成"减量、循环、自觉、自治"的行为规范，创新垃圾分类处理模式，成为垃圾减量、分类、回收和利用的主力军。

减排补贴：制定超排惩罚制度以及单位和居民垃圾排放量标准，低于这一排放量标准的给予补贴；超过这一排放量标准的则予以惩罚。减排越多补贴越多，超排越多惩罚越重，以此提高单位和居民实行源头减量和排放控制的积极性。

捆绑服务、注重绩效：在居民还没有自愿和自觉行动而居（村）委会和政府的资源又不足时，推动分类排放需要物业管理公司和其他企业介入。但是，仅仅承接分类排放难以获利，企业不可能介入，而推行捆绑服务可以解决这个问题。将推动分类排放服务与垃圾收运、干湿垃圾处理业务捆绑，可促进垃圾分类资本化，保障企业合理盈利。

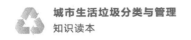

1.2 城市生活垃圾分类相关政策

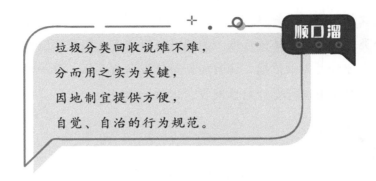

顺口溜

垃圾分类回收说难不难，

分而用之实为关键，

因地制宜提供方便，

自觉、自治的行为规范。

西方发达国家在经历了第一次工业革命后，承受着经济迅猛发展所带来的环境污染和能源危机等一系列问题所带来的压力。面对经济的快速发展和城市化进程的加快，以及资源利用和环境保护的矛盾等问题，西方发达国家转变垃圾处置思路，从以前简单的收集垃圾、末端治理转移到重视垃圾的减量化和资源化，认识到垃圾分类处理是解决这一矛盾的必经之路。到目前为止，一些国家在垃圾分类处理领域走在了世界前列，如德国、美国、瑞士等国家，垃圾分类成效显著。

在推行垃圾分类工作上，我国政府目标明确，态度坚定。自十八大以来垃圾分类工作更是引起党中央高度重视，但是推行十几年来分类效果一直不尽如人意。2000年年底，在全国范围内生活垃圾分类工作由点到面逐步推开，并取得了初步成效。2014年相关部门联合推进生活垃圾分类试点城市建设，2018年各试点城市出台垃圾分类管理实施方案和行动计划。到2019年，要求全国地级及以上城市全面启动分类工作，要求2020年年底46个重点城市基本建成垃圾分类处理系统，2025年年底前全国地级及以上城市将基本建成垃圾分类处理系统。

为实现垃圾分类相关工作快速推进，全国各级政府相继颁布一系列垃圾分类规范、法规来保证垃圾分类工作顺利进行。在此为大家列举部分国家或地方颁布的相关法规、标准。

1.2.1 国家相关政策

我国现行的城市垃圾管理体制形成于 1970 年前后，相关政策颁布时间表如图 1-3 所示。

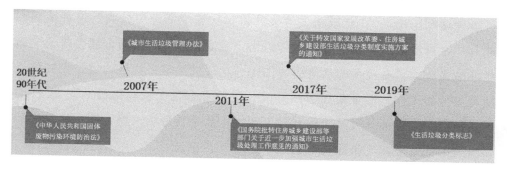

图 1-3　政策颁布时间表

在政策刚实行时城市生活垃圾治理状况得到极大的改善，在这种制度的推动下，城市环境逐步得到了美化。

（1）20 世纪 90 年代，颁布了《中华人民共和国固体废物污染环境防治法》

其中详细给出了城市生活垃圾处理的相关规定：国务院作为环境保护的行政主管部门，对全国的环境保护工作实施统一的监督管理，国务院建设行政主管部门和县级以上地方人民政府环境卫生行政主管部门负责城市生活垃圾的清扫、收集、储存、运输和处置监督管理工作。

（2）2007 年，建设部修订、颁布了《城市生活垃圾管理办法》

2007 年 7 月份，《城市生活垃圾管理办法》正式实施，其正式规定了城市生活垃圾管理的各种制度，其中包括生活垃圾的清扫和收集运输制度，增加了生活垃圾处理方面的相关规定，明确了垃圾管理的相关细化工作。《城市生活垃圾管理办法》一方面认同了垃圾处理需要综合考虑各个方面的内容，同时也督促地方制定适合当地情况的垃圾处理办法，将生活垃圾的处理规范化、制度化。

（3）2011 年，国务院颁布了《国务院批转住房城乡建设部等部门关于近一步加强城市生活垃圾处理工作意见的通知》

针对各城市垃圾治理工作面临的问题，规定了城市生活垃圾处理的指导思想、基本原则和发展目标，进一步为各地区建立符合本地区垃圾管理的新策略提供指导。

(4) 2017 年 3 月 17 日，国务院办公厅颁布了《关于转发国家发展改革委、住房城乡建设部生活垃圾分类制度实施方案的通知》

该通知指出："在党政机关等公共机构实施生活垃圾分类，促进资源回收利用，推动生活垃圾减量化、资源化、无害化，对于推动全社会普遍实施生活垃圾分类具有重要的示范引领作用。党政机关等公共机构要带头实施生活垃圾分类工作，逐步建立生活垃圾分类的常态化、长效化机制"。文件中明确提出党政机关等公共机构要带头实施生活垃圾分类工作，逐步建立生活垃圾分类的常态化、长效化机制。

(5) 2017 年 3 月 18 日，国家发展和改革委员会、住房和城乡建设部颁布了《生活垃圾分类制度实施方案》

该方案提出："城市人民政府可结合实际制定居民生活垃圾分类指南，引导居民自觉、科学地开展生活垃圾分类。对有关单位和企业实施生活垃圾强制分类的城市，应选择不同类型的社区开展居民生活垃圾强制分类示范试点，并根据试点情况完善地方性法规，逐步扩大生活垃圾强制分类的实施范围"，其主要内容有：

① 单独投放有害垃圾。

居民社区应通过设立宣传栏、垃圾分类督导员等方式，引导居民单独投放有害垃圾。针对家庭源有害垃圾数量少、投放频次低等特点，可在社区设立固定回收点或设置专门容器分类收集、独立储存有害垃圾，由居民自行定时投放，社区居委会、物业公司等负责管理，并委托专业单位定时集中收运。

② 分类投放其他生活垃圾。

根据本地实际情况，采取灵活多样、简便易行的分类方法。引导居民将"湿垃圾"（滤出水分后的厨余垃圾）与"干垃圾"分类收集、分类投放。有条件的地方可在居民社区设置专门设施对"湿垃圾"就地处理，或由环卫部门、专业企业采用专用车辆运至餐厨垃圾处理场，做到"日产日清"。鼓励居民和社区对"干垃圾"深入分类，将可回收物交由再生资源回收利用企业收运和处置。有条件的地区可探索采取定时定点分类收运方式，引导居民将分类后的垃圾直接投入收运车辆，逐步减少固定垃圾桶避免垃圾落地。

（6）2017 年 01 月 23 日，《国务院办公厅关于转发国家发展改革委住房城乡建设部生活垃圾分类制度实施方案的通知》，并同时颁布《教育部办公厅等六部门关于在学校推进生活垃圾分类管理工作的通知》

为深入贯彻党的十九大精神，推进资源全面节约和循环利用，根据《国务院办公厅关于转发国家发展改革委住房城乡建设部生活垃圾分类制度实施方案的通知》（国办发〔2017〕26 号，以下简称《实施方案》）要求，教育部办公厅等六部门决定在各级各类学校实施生活垃圾分类管理，并同时颁布《教育部办公厅等六部门关于在学校推进生活垃圾分类管理工作的通知》（教发厅〔2017〕2 号），要求各地教育部门和学校要以深入学习贯彻党的十九大精神为统领，将生活垃圾分类管理工作作为贯彻落实节约资源和保护环境基本国策的实际行动，牢固树立社会主义生态文明观和创新、协调、绿色、开放、共享的发展理念，切实增强做好生活垃圾分类工作的紧迫感、责任感、使命感，按照所在地政府的统一部署，强化国民教育基础性作用，着力提高全体学生的生活垃圾分类和资源环境意识，倡导简约适度、绿色低碳的生活方式，为推动形成人与自然和谐发展现代化建设新格局，建设美丽中国做出积极贡献。

（7）2019 年 11 月 15 日，住房和城乡建设部发布了《生活垃圾分类标志》标准

在该标准中，主要对生活垃圾分类标志的适用范围、类别构成、图形符号进行了调整。相比于 2008 版标准，新标准的适用范围进一步扩大，生活垃圾类别调整为可回收物、有害垃圾、厨余垃圾和其他垃圾 4 个大类和 11 个小类，标志图形符号共删除 4 个、新增 4 个、沿用 7 个、修改 4 个。

1.2.2 地方相关政策

部分地方垃圾分类相关政策汇总见表 1-1。2000 年，我国首选北京、上海、广州、南京等 8 个城市开始垃圾分类试点工作，随后苏州、无锡等其他城市也在全市区域或是局部区域开展了垃圾分类试点工作。

表1-1　部分地方垃圾分类相关政策汇总一览

序号	发文地方	发文日期	政策
1	苏州	2017.6	《苏州市生活垃圾强制分类制度实施方案》
2	北京	2017.10	《关于加快推进生活垃圾分类工作的意见》
3	上海	2018.3	《关于建立完善本市生活垃圾全程分类体系的实施方案》
4	安徽合肥	2019.1	《合肥市生活垃圾管理办法》
5	贵州	2019.1	《关于全面推动生活垃圾分类工作的通知》
6	浙江宁波	2019.2	《宁波市生活垃圾分类管理条例》
7	吉林长春	2019.3	《长春市生活垃圾分类管理条例》
8	江苏南京	2019.3	《南京市2019年城市管理工作实施意见》
9	山东青岛	2019.4	智慧垃圾分类体验馆亮相

（1）北京市相关政策

2019年11月27日，北京市十五届人大常委会第十六次会议27日表决通过了《北京市人民代表大会常务委员会关于修改〈北京市生活垃圾管理条例〉的决定》，其主要内容包括：

① 按照多排放多付费、少排放少付费，混合垃圾多付费、分类垃圾少付费的原则，逐步建立计量收费、分类计价、易于收缴的生活垃圾处理收费制度，加强收费管理，促进生活垃圾减量、分类和资源化利用。具体办法由市发展改革部门会同市城市管理、财政等部门制定。

② 坚持高标准建设、高水平运行生活垃圾处理设施，采用先进技术，因地制宜，综合运用焚烧、生化处理、卫生填埋等方法处理生活垃圾，逐步减少生活垃圾填埋量。本市支持生活垃圾处理的科技创新，促进生活垃圾减量化、资源化、无害化先进技术、工艺的研究开发与转化应用，提高生活垃圾再利用和资源化的科技水平。市科技部门应当会同市城市管理等部门采取措施，鼓励和支持可重复利用的包装材料和可降解垃圾袋等的研发和应用。本市鼓励单位和个人使用再利用产品、再生产品以及其他有利于生活垃圾减量化、资源化的产品。

③ 建设生活垃圾集中转运、处理设施，应当依法进行环境影响评价，

分析、预测和评估可能对周围环境造成的影响，并提出环境保护措施。建设单位应当将环境影响评价结论向社会公示。建设单位在报批环境影响文件前，应当征求有关单位、专家和公众的意见。报送环境影响文件时，应当附具对有关单位、专家和公众的意见采纳情况及理由。生活垃圾集中收集、转运、处理设施建设应当符合国家和本市有关标准，采取密闭、渗滤液处理、防臭、防渗、防尘、防噪声、防遗撒等污染防控措施；现有设施达不到标准要求的，应当制定治理计划，限期进行改造，使其达到环境保护要求。

（2）上海市相关政策

2018 年 3 月 16 日，上海市人民政府办公厅印发《关于建立完善本市生活垃圾全程分类体系的实施方案》的通知。文件对上海市生活垃圾如何分类和生活垃圾分类管理有哪些主要环节等列出有关规定。其主要内容包括：

① 明确生活垃圾分类标准。

上海市生活垃圾分类实行"有害垃圾、可回收物、湿垃圾和干垃圾"四分类标准。鼓励各单位和居住小区根据区域内再生资源体系发展程度，对可回收物细化分类。生活垃圾分类原则上采取"干湿分类"，必须单独投放有害垃圾，分类投放其他生活垃圾。其中将"湿垃圾"定义为易腐垃圾，包括餐饮垃圾、厨余垃圾等含水率较高的垃圾。"干垃圾"为除"湿垃圾"以外的其他生活垃圾，包括有害垃圾、可回收物和其他垃圾。

② 规范生活垃圾分类收集容器设置。

本市居住小区、单位、公共场所应当按照规定，设置分类收集和存储容器。分类收集容器由生活垃圾分类投放管理责任人按照规定设置。

③ 稳步拓展强制分类实施范围。

按照"先党政机关及公共机构，后全面覆盖企事业单位"的安排，分步推进生活垃圾强制分类。坚持党政机关及公共机构率先实施，加快推行单位生活垃圾强制分类。2018 年，实现单位生活垃圾强制分类全覆盖。巩固、提升、拓展居住区生活垃圾分类，建立生活垃圾分类达标验收挂牌制度，在普遍达标的基础上，推动创建垃圾分类示范居住小区（村）和示范街镇，不

断提升垃圾分类实效。2020 年，居住区普遍推行生活垃圾分类制度。坚持整区域推进，以区、街镇为单位推行生活垃圾分类制度。2018 年，静安区、长宁区、奉贤区、松江区、崇明区、浦东新区（城区部分）率先普遍推行生活垃圾分类制度，建成 3 个全国农村垃圾分类示范区，全市建成 700 个垃圾分类示范行政村。

④ 强化强制分类执法保障。

相关管理部门要做好分类义务、分类标准、分类投放管理责任等告知工作，并加强日常督促监管和指导，对违反垃圾分类规定的行为，及时制止并督促整改；对拒不执行垃圾分类的，要按照规定移交城管执法部门予以处罚。城管执法部门要按照法律法规的规定，加强对垃圾分类违法行为的巡查执法，对拒不履行分类义务的单位及个人，依法依规严格执法。

严格执行生活垃圾强制分类制度，对公共机构、相关企业原则上不分类不收运，禁止混装混运。生活垃圾分类管理主要环节包括分类投放、分类收集、分类运输和分类处置四个环节。

(3) 苏州市相关政策

2017 年 6 月 15 日，市政府办公室关于印发《苏州市生活垃圾强制分类制度实施方案》的通知，其主要内容包括：

① 实施范围。

公共机构。包括党政机关，学校、科研、文化、出版、广播电视等事业单位，协会、学会、联合会等社团组织，车站、机场、码头、体育场馆、演出场馆等公共场所管理单位。

② 强制分类类别。

实施生活垃圾强制分类的公共机构和相关企业应将生活垃圾分成易腐垃圾、可回收物、有害垃圾、园林绿化垃圾、建筑（装修）垃圾、大件垃圾和其他垃圾等类别。其中，必须将有害垃圾和易腐垃圾作为强制分类的类别之一，同时根据公共机构和相关企业生活垃圾的产生情况，再确定其他的分类类别。垃圾分类收集容器和相关设施设备由公共机构和相关企业配置，并要符合国家及苏州市相关标准和要求。

③ 引导城乡居民自觉开展生活垃圾分类。

强化公共机构和企业示范带头作用，引导居民逐步养成主动分类的习惯，形成全社会共同参与垃圾分类的良好氛围。各地根据生活垃圾终端处置设施的建设情况，因地制宜地选择居民小区、农村垃圾分类模式，开展垃圾分类的小区至少将生活垃圾分成有害垃圾、可回收物、其他垃圾三类，鼓励有条件的小区将居民生活垃圾分为有害垃圾、可回收物、厨余垃圾和其他垃圾四类。

④ 强化业务指导和技术支撑。

强化业务指导，对相关的公共机构和相关企业进行垃圾强制分类告知并加强宣传指导，确保强制分类对象理解强制分类的意义、目标、责任、义务和具体的分类方法。市市容市政管理局和市垃圾分类专职管理机构负责市区生活垃圾分类具体工作的业务指导，制定相关标准、规范和技术导则；教育行政部门负责对市区学校生活垃圾分类工作的业务指导；机关事务管理局负责对市区机关单位生活垃圾分类的业务指导；市住建局负责对市区物业公司垃圾分类的业务指导；市商务局负责对市区农贸市场垃圾分类的业务指导。

市、区两级政府和相关部门要加大对垃圾分类的技术投入，积极探索研究垃圾就地处理、大件垃圾和装修垃圾资源化处理、垃圾分类信息化应用等方面的先进技术，加强对垃圾转运设施和终端处置设施环境控制的技术投入，确保相关设施环保、稳定运行。

⑤ 强化经费支撑和制度建设。

市、区两级政府要加大对生活垃圾分类体系、处理设施和监管能力建设等方面的公共财政投入，保障垃圾前端分类、中转收运、终端处置等所需经费，为垃圾分类工作有效开展提供坚实可靠的资金保障。鼓励采用政府购买服务、推广政府与社会资本合作（PPP模式）等形式，充分吸引社会力量参与垃圾分类收运、处置和运营服务。在居民小区可采用"积分兑换"等方式促进分类工作开展。研究建立易腐垃圾和低值可回收物的分类奖励机制，市、区财政每年安排奖补资金，对相关的垃圾分类项目进行考核奖励。

梳理国家及省市相关垃圾分类的法律法规，根据相关法律法规的要求制定苏州市的实施细则和相关制度。各地人民政府（管委会）结合本区域的实

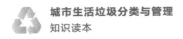

际，尽快制定各地的生活垃圾强制分类制度实施方案。

⑥ 强化宣传引导和监督考核。

广泛开展普遍的垃圾分类宣传，各地要制定整体宣传方案，在地铁、公园、公交站场、客运站场、机场、码头等公共场所广泛开展强制分类专项宣传，形成有利于推进强制分类工作的舆论氛围；进一步加强垃圾分类培训工作，重点抓好单位后勤管理人员的培训；广泛引入社会参与和监督，做好优秀分类经验的交流与推广，对拒不执行垃圾分类的反面典型予以曝光。

城市生活垃圾分类处置工作领导小组每年组织对各地生活垃圾分类工作实施情况的考核，将垃圾强制分类作为各地年度工作的最重要内容，建立季度通报、年度考核制度，对年度目标任务未完成的通报批评，对工作力度大、成效明显的单位和个人进行通报表扬。

⑦ 强化终端管控和源头减量。

强化生活垃圾从源头到终端设施的全过程管控。在终端处置环节，制定生活垃圾填埋及焚烧终端处置限量制度，对各地进入现有市级生活垃圾终端处置设施的垃圾数量进行限制；在收运环节，制定拒收拒运制度，对未按照要求进行分类，生活垃圾成分达不到进入生活垃圾转运站和终端处置设施要求的，进行拒收拒运；在源头产生环节，限制宾馆、餐饮等服务性行业使用一次性用品，推广使用清洁能源和原料，厉行节约，限制商品过度包装，减少产品生产、流通、使用等全生命周期垃圾产生量。

市、区两级相关部门要积极组织力量加强执法力度，严厉打击非法倾倒生活垃圾的行为；非法倾倒行为构成犯罪的，依法追究刑事责任。

1.3 城市生活垃圾管理理论基础

（1）可持续发展理论

可持续发展，是指满足当前人们美好生活的需要而又不减弱后代满足其美好生活需要之能力的发展。发展与环境保护是一个密不可分的系统，既要达到发展经济的目的，又要保护好人类赖以生存的大气、淡水、海洋、土地和森林等自然资源和环境，使子孙后代能够永续发展和安居乐业。可持续发展与环境保护既有联系，又不等同。环境保护是可持续发展的重要方面，可持续发展的核心是发展，但要求在严格控制人口、提高人口素质和保护环境、资源永续利用的前提下进行经济和社会的发展。

（2）坚持可持续发展理念的意义

21世纪是人口、资源与发展的世纪，建设循环型社会是持续发展的不竭动力，实施城市生活垃圾分类回收，将有回收再利用价值的垃圾变成新的再生资源，并有针对性地分类、收集、处理不可降解的垃圾，最大限度地减少有害物质对环境的污染是各国实施可持续发展的必然选择。

（3）如何达到可持续发展

我国的生活垃圾分类处理工作相对来说起步较晚，虽然在部分大城市进行了生活垃圾分类试点，但是推广效果并不理想。大多数城市没有系统地放置分类垃圾箱，很多即使放置了分类垃圾箱的地方，因市民素质不高或重视程度不够等原因，很少有人做到垃圾分类投放和及时回收，造成这种现象的根本原因在于我国的垃圾分类回收相关知识未得到很好的普及。

要达到资源可持续发展、安全环保和高效平稳处理垃圾的目的，有以下可行方法（见图1-4）。

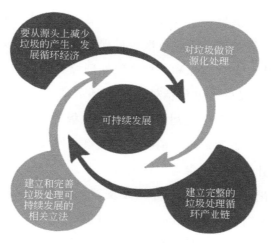

图1-4　可持续发展可行方法

① 要从源头上减少垃圾的产生，发展循环经济。

对垃圾产生源头进行控制，可以减少垃圾的产生，但不能杜绝，这就要求对垃圾处理环节提高重视。从源头控制垃圾的产生，符合垃圾处理减量化的可持续原则。采用引导、奖惩、限制等手段，最大限度地实现垃圾产量最小化。生产运输过程中将产品的体积小型化、重量轻型化，禁止商品过度包装，尽量增加产品的寿命来减少垃圾的产生。同时要让消费者树立绿色消费观念，提高循环消费意识，在消费过程中尽量选择可循环的商品，减少一次性消费品的使用。

② 对垃圾做资源化处理。

建立环保、高效、节能的垃圾分类收集、运输系统。依照可持续发展的观念，应对垃圾做资源化处理。垃圾的资源化处理是指对产生的垃圾进行细致分类和筛选，然后根据筛选出来的垃圾，按不同性质分别采用适宜的方法处理，使不同种类的垃圾均能加以回收再利用，从而真正做到垃圾处理的减量化、无害化和资源化。

③ 建立完整的垃圾处理循环产业链。

垃圾资源的产业化可以缓解资源短缺的危机、减少垃圾污染环境的问题，还可以创造价值和财富。

④ 建立和完善垃圾处理可持续发展的相关立法。

建立可持续性的垃圾管理系统可以在一定程度上促进可持续发展战略的实施，该类系统既能满足目前垃圾管理的需要，又能适时升级，满足未来发展的需要。管理系统要均衡管理垃圾全过程，重视垃圾源头减量和资源化利用，达到及时有序、安全环保和平稳高效处理垃圾的目的，在商品生产（包括流通）、消费和垃圾处理（包括处置）各环节实现人与人平等生活、区域与区域平衡发展、人与自然互利共生。所以垃圾管理必须服务于社会发展，它的基本要求是保护资源环境、消除邻壁现象、促成垃圾处理系统可持续发展同时还需要吸引公众积极参与垃圾处理产业。

垃圾的减量化、资源化、无害化涉及领域众多，关联着社会的各行各业，贯穿于生产、销售、消费和处理的全过程，是一项复杂的系统工程。因此，垃圾的可持续发展可以最大化地提高垃圾资源的利用率，减少对环境的污染，具有非常高的环保和资源利用效益，能够促使经济、社会和生态环境的和谐发展，是实现经济和社会可持续发展的重要途径，有利于建设"资源节约型、环境友好型"社会。

1.4 城市生活垃圾分类存在的问题

1.4.1 常见的城市生活垃圾分类推行问题

中国是世界上垃圾包袱最沉重的国家之一。中国仅"城市垃圾"的年产量就近 1.6 亿吨，这些城市垃圾一旦处置不当不仅影响城市景观，还会污染与我们生活质量息息相关的大气、水和土壤，对城镇居民的健康构成威胁，"垃圾围城"已成为城市发展中的棘手问题。目前，我国城市生活垃圾处理方面仍存在很多问题（见图 1-5）。

图 1-5　城市垃圾分类推行问题

（1）垃圾分类的公共设施不完善

垃圾箱设置数量不均衡，管理人员未充分考虑人流量、交通情况等因素，会造成城市垃圾处理设施设置不合理或不足。另外垃圾桶的分类过于粗糙化，通常，城市垃圾箱主要分为两类：常见一类垃圾箱是包含可回收和不可回收两个分类垃圾箱；另一类直接摆放绿皮塑料垃圾桶，桶内垃圾没有进行分类，各种垃圾混合收集，当垃圾箱损坏并遇到下雨天时，脏水都渗到路面上，情况十分不堪。目前的城市垃圾种类繁多，仅仅靠"可回收"和"不可回收"两种分类无法完全覆盖垃圾种类。这种现状会诱导没有环保意识的市民随意乱扔垃圾，而具备环保意识的市民扔垃圾就很纠结："垃圾不能乱扔，但是想扔却找不到合适的垃圾箱，明知道垃圾要分类，但面对渗着脏水的绿皮垃圾箱，又该怎么分类呢?"。

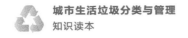

（2）市民垃圾分类知识不足

市民缺乏垃圾分类的知识。首先，对于大部分垃圾，市民无法准确界定其分类。由于相关垃圾分类知识的缺乏，导致市民对于垃圾分类工作有心无力。其次，许多市民没有意识到垃圾分类的重要性。致使市民不能够自觉地将垃圾分类存储投放。

（3）垃圾分类工作并未市场化、体系化

垃圾处理与分类不能完全依赖于政府的公益性项目，目前，我国部分城市在尝试把垃圾分类投放、收集、运输、处理等各环节连接起来做市场化试点，但垃圾分类相关的法律法规、运营机制、补贴机制以及多元共治的格局均未完全建立起来。垃圾是一种具有公共物品属性的低品质资源，致使处理成本尤其是资源化利用成本较高，其管理需要统筹社会、政治、经济和科技的发展，只有依靠法律和政策的强制、引导作用，垃圾治理产业化才可能实现。

1.4.2 不同类别城市生活垃圾存在的潜在危害

1.4.2.1 可回收物的危害

据调查，将可回收物进行合理分类回收将从技术层面避免"增长的极限"，增加材料利用总体寿命，降低资源压力并减少对原材料市场的依赖。反之，若将可回收垃圾随意丢弃不仅会影响土壤的通透性和渗水性，破坏土质，严重影响植物的生长，降低土壤的使用价值，还会对环境造成污染，更有甚者将对身体健康产生威胁。

（1）铝制易拉罐的危害

易拉罐的包装材料为铝合金（见图1-6），为了防止饮料对易拉罐表面侵蚀，而在内壁上涂一层有机涂料，使铝合金与饮料相隔离，但在加工过程中由于机械摩擦和碰撞，难免有破损的地方或有的部分涂料没有涂抹完整，使内壁的铝合金与饮料接触，导致铝质逐渐溶解于其中。

据对易拉罐包装的52种饮料调查，发现用易拉罐包装的饮料比瓶装饮料的铝含量高3~6倍，如果饮用过量或长期饮用时，可能造成由于铝摄入

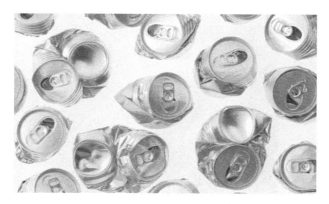

图 1-6　铝合金易拉罐

过量而危害身体健康。

铝被人体吸收后，在大脑、心脏、肝脏、肾脏等器官中积聚，排泄缓慢，从而造成这些脏器发生不同程度的损害，影响其功能。

特别是铝元素对脑组织有很大的亲和力，使之发生退行性变化，而产生思维障碍和记忆力减退。据专家研究发现儿童身体内铝摄入量过多时，可引起智力低下、行为异常等症状。世界卫生组织已将铝定为食物污染源之一并要求在食品、饮料中要加以限制。由此可见，易拉罐饮料不宜常用多饮，特别是生长发育旺盛而排泄功能较差的儿童更是如此。

（2）塑料膜的危害

塑料膜的大规模使用带来的环境污染日趋严重，塑料膜的废弃与处置已经引起一系列环境问题。由于塑料膜不易分解，填埋进入土壤后长期不腐烂，不仅占用了大量的土地资源，而且影响了土壤的通透性和渗水性，破坏了土质，降低土壤的使用价值。

废弃堆积的塑料膜见图1-7。

塑料膜的使用破坏了土壤物理性状，土壤中的残膜还影响整地及铲、趟地质量。环保部门测定，土壤中残膜含量为 $57.5kg/hm^2$ 时，可使玉米减产 $11.0\%\sim23.0\%$，小麦减产 $9.0\%\sim16.0\%$，大豆减产 $5.5\%\sim9.0\%$，蔬菜减产 $14.6\%\sim59.2\%$。

1.4.2.2　厨余垃圾的危害

由于中国传统的餐饮文化，厨余垃圾中水分含量高达 74%，此外厨余

图 1-7　废弃堆积的塑料膜

垃圾中的盐分（氯化钠）偏高。如果将水分含量高的厨余垃圾与其他垃圾直接混合填埋会在高压和微生物的作用下形成渗滤液。渗滤液不易降解，是垃圾填埋处理当中的顽疾之一，一旦渗滤液渗漏出来，就会造成对水源和土壤的二次污染。这些垃圾进入填埋场后，可能会释放出沼气，容易造成爆炸。

以泔水为例，据调查，部分餐饮店、宾馆、招待所日产厨余垃圾未实行专门管理，也未进行任何无害化处理和合理利用，大多被养殖户以较低的价格收购作为动物饲料，更有甚者，有小作坊定时上门收购餐厨垃圾，用厨余垃圾炼制地沟油，以期从中谋取利润。"泔水猪"和"泔水油"已不可避免地流入市场，成为严重威胁人民群众健康的一大隐患。将厨余垃圾作为廉价饲料直接饲喂畜禽在我国部分农村地区存在这一现象，但城市厨余垃圾中含有会伤及畜禽消化道的金属物、牙签及塑料等尖硬物体，以及病原微生物、寄生虫及其虫卵等，饲喂畜禽后易引起人畜共患疾病，因此，不宜直接使用厨余垃圾喂养动物。

厨余垃圾不经处理危害较大，具体表现在以下几个方面。

（1）危害人体健康，潜在风险较大

由于饭店大量使用洗涤剂、消毒剂和杀虫剂，另外受食品霉烂产生毒素等因素的影响，泔水（见图1-8）中含有大量的铅、汞、黄曲霉素等有毒有害物质，畜禽长期食用后，这些物质会在畜禽体内逐渐蓄积，并通过

图1-8　泔水

食物链进入人体，人体对这些物质没有解毒和排除功能，达到一定程度会损伤人的神经、肝脏、肾脏和免疫系统等。黄曲霉素还是一种强致癌物，其危害更是显而易见。此外，泔水中还含有大量沙门氏菌、金黄色葡萄球菌、肝炎病毒等致病微生物，这些强致病性微生物可引发多种流行疾病。畜禽还容易感染人畜共患的各种疾病，如口蹄疫等，人若食用了病畜禽肉极易导致感染。

（2）污染环境

有小部分养殖户在运输、储存及加工过程中没有采取任何措施，泔水的恶臭气体、污水直接排放到周围环境中，造成污染。

（3）传播疾病

裸露存放的泔水会引发大量的蚊蝇、鼠虫，成为传播疾病的媒介。

1.4.2.3　有害垃圾产生的危害

据调查，有害垃圾的危害最为显著，就废弃灯管来说，现行工艺制作的节能灯中大都含有化学元素汞，一只普通节能灯中约含有0.5mg汞，如果1mg汞渗入地下，就会造成360t的水污染。汞也会以蒸气的形式进入大气，一旦空气中的汞含量超标，会对人体造成危害，长期接触过量汞可造成中毒。水俣病就是慢性汞中毒最典型的公害病之一。就过期药品而言，大多数药品过期后容易分解、蒸发，散发出有毒气体，造成室内环境污染，严重时还会对人体呼吸道产生危害。过期药品若是随意丢弃，会造成空气、土壤和水源环境的污染。一旦流入不法商贩之手，就会流转回市场，造成更严重的后果。

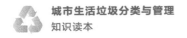
（1）电池的危害

电池一般有一次性电池、二次电池和汽车电池。一次性电池包括纽扣电池、普通锌锰干电池和碱电池，一次性电池多含汞。二次电池主要指充电电池，其中含有重金属镉。汽车废电池中含有酸和重金属铅。

一般，电池里面会含有铅、汞、镉、锰等。铅对人类的神经系统会造成影响，会引起消化系统、血液的病变。而汞容易使人中毒。镉、锰这些一般主要危害神经系统。

在微生物的作用下，电池中的无机汞可以转化成甲基汞，聚集在水里鱼类的身体中，人一旦食用了这种鱼后，甲基汞会进入人的大脑细胞，使人的神经系统受到严重破坏，严重者会发疯致死，像水俣病就是甲基汞所致。

电池里面的镉若渗出污染土地和水体，会最终进入人体使人的肝和肾受损，也会引起骨质松软，严重者造成骨骼变形。

在电池管理政策上，发达国家的政策可以概括为两类。

第一类：针对普通干电池

政府要求制造商逐步降低电池中的汞含量，最终禁止向电池中添加汞。这项要求是淘汰所有含汞产品、工艺（如以汞为触媒）的一部分，而不仅仅针对电池行业。现在，几乎所有的发达国家都禁止向电池中添加汞。对于报废的普通干电池，没有强制单独收集处理。如果某个城市或企业自愿单独收集处理（或利用），国家既不鼓励也不限制。

第二类：针对可充电电池

通过立法要求制造商逐步淘汰含镉电池。目前，镍氢电池、锂电池正在逐步取代镍镉电池。一些国家的电子制造商协会开展了可充电电池回收利用工作，效果也比较显著。这主要是因为可充电电池总消耗量相对较少（与普通干电池相比）；应用范围较小，容易通过以旧换新的方式收集；回收价值较高。这类废电池收集是比较容易的。

（2）一次性医疗器具的危害

一次性医疗器具的再次使用会严重危害人类健康。为了防止病毒、病菌的感染，不少医院使用一次性医疗器具，如一次性注射器（见图1-9）、输液器、手套、吸引管、尿管、尿袋等。一次性医疗器具使用后，必须立即销毁，并按要求交上级卫生行政主管部门指定的单位集中回收、处理。如果一次性医疗器具被回收再次使用，后果十分严重，可能会导致病原菌的传播和医源性感染的爆发，如流感、乙肝、肺结核、性病、败血症甚至艾滋病等。自 1985 年我国发现首例艾滋病患者至 2018 年，感染人数迅速扩展到 80 万人。艾滋病最直接的感染途径是血液，注射器的共用是不可忽视的重要原因之一。

图 1-9 一次性注射器

1.4.3 城市生活垃圾处理过程中存在的问题

（1）填埋

垃圾填埋所释放的气体由大量 CH_4 和 CO_2 组成，当 CH_4 在空气中的浓度达到5%～15%，易引起爆炸。填埋释放气体中挥发性有机物及 CO_2 都会溶解进入地下水，打破原来地下水中 CO_2 的平衡压力，促进 $CaCO_3$ 的溶解，引起地下水硬度升高。全封闭型填埋场的填埋气体逸出会造成衬层泄漏，从而加剧渗漏液的浸出，导致地下水污染。CH_4 和 CO_2 是主要的温室气体，它们会产生温室效应，使全球气候变暖，而 CH_4 对臭氧的破坏是 CO_2 的 40 倍，产生的温室效应要比 CO_2 高 20 倍以上，而垃圾填埋气中 CH_4 含量达40%～60%。CH_4 虽对维管植物不会产生直接生理影响，但它可以通过直接气体置换作用或通过甲烷细菌对氧气的消耗，从而降低植物根际的氧气水平，使植物根区因氧气缺乏而死亡。另外，CH_4 在无氧的条件下还能促进 C_2H_4 的形成。填埋气中含有致癌、致畸的有机挥发性气体，其恶臭气味易引起人体的不适。

垃圾填埋场见图 1-10。

图 1-10　垃圾填埋场

（2）焚烧

首先垃圾焚烧会对环境产生二次污染。由于焚烧垃圾的成分十分复杂，垃圾焚烧生成的污染物比化石燃料（如煤、石油、天然气等）燃烧生成的污染物更多、更复杂、毒性更大。其污染物主要是焚烧产生的酸性气体（如 SO_x、NO_x、HCl、HF 等）、有机类污染物和灰渣中的重金属。

垃圾焚烧不仅污染大气，而且燃烧后灰烬的存放会对土地和地下水造成污染。即使为了符合空气排放标准，安装过滤装置来收集排放物，同样也需要处理固体废料，增加了环境的负担或危害。

将垃圾直接进行焚烧处理严重浪费垃圾内含资源。一是因为焚烧时必须混加助燃燃料，浪费能源；二是把垃圾内的高值资源统统烧掉，也是个极大的浪费。而且焚烧后的残渣需二次处理，也存在后患；三是由于焚烧垃圾所产生的二噁英将严重污染环境，二噁英是剧毒致癌物。

（3）堆肥

虽然生活垃圾堆肥量大，但养分含量低，长期使用易造成土壤板结和地下水质变坏，所以，堆肥的规模不宜太大。

其次，由于垃圾堆肥产生的肥料质量不稳定，容易遭遇市场问题，所以近 20 年来，我国的城市垃圾堆肥处理正处于停滞甚至萎缩的过程。

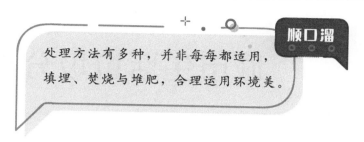

顺口溜

处理方法有多种，并非每每都适用，
填埋、焚烧与堆肥，合理运用环境美。

第2章

城市生活垃圾分类

2.1 城市生活垃圾分类原则与依据

有人类活动的地方就会有垃圾，垃圾对环境造成的污染严重影响着人类的健康和城市的发展。根据《2018 年全国大中城市固体废物污染环境防治年报》，2017 年，202 个大、中城市生活垃圾产生量 20194.4 万吨。

垃圾分类的目的是提高垃圾的资源价值和经济价值，做到物尽其用。垃圾在分类储存阶段属于公众的私有物品，垃圾经过公众分类投放后成为公众所在小区或社区的区域性公共资源，垃圾分类运到垃圾集中点或转运站后成为没有排除性的公共资源。

2.1.1 城市生活垃圾分类原则

城市生活垃圾分类原则见图 2-1。

(1) 分而用之

垃圾分类的目的是将废弃物分类处理，利用现有生产制造能力，回收利用可回收物，包括物质利用和能量利用，填埋处置暂时无法利用的无用垃圾。分类就是要提高物质利用比例，减少焚烧、填埋处理量。如果没有后续利用能力，分类便失去意义，分类初期措施就是将各地垃圾桶设为分类垃圾桶（图 2-2）。

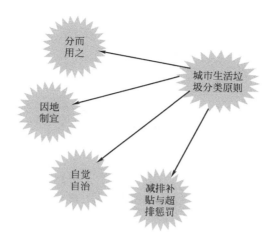

图 2-1　城市生活垃圾分类原则

图 2-2　垃圾宝宝回家

（2）因地制宜

各地区地理位置、经济发展水平、企业回收利用废弃物的能力，居民来源、生活习惯、经济与心理承担能力等各不相同，需要结合实际情况，因地制宜，向公众提供便捷适用的软、硬件设施，如垃圾桶、垃圾房、环卫车等设施，从而起到便民并引导公众正确分类的作用。

（3）自觉自治

社区居民，包括企事业单位，应逐步建立"减量、循环、自觉、自治"的行为规范，创新垃圾分类处理模式，成为垃圾减量、分类、回收和利用的

主力军（图 2-3）。

图 2-3　垃圾分类人人有责

（4）减排补贴与超排惩罚

制定单位和居民垃圾排放量标准，低于这一排放量标准的给予补贴，超过这一排放量标准的则予以惩罚。减排越多补贴越多，超排越多惩罚越重，以此提高单位和居民实行源头减量和排放控制的积极性。

2.1.2　城市生活垃圾分类依据

根据我国国情，垃圾可分为四大类：即可回收物、有害垃圾、厨余垃圾及其他垃圾。其中，可回收物的分类方法主要有先混合收集再后续分类和源头分类；厨余垃圾主要包括厨房有机质垃圾；有害垃圾数量占城市垃圾数量的 2%～3%；其他垃圾可以在适当的地方进行有目的、有步骤的堆放和填埋。

城市垃圾由城市内的可回收物、有害垃圾、厨余垃圾和其他垃圾等组成。其中，厨余垃圾主要包括剩饭、剩菜、碎肉骨和蛋壳等；可回收物主要包括废塑料、废纸张、废玻璃、废旧纺织品和废金属等。

不同区域进行不同的模式分类，分类方式必须考虑分类后各种成分的数量及其后处理技术的能力，根据城市发展现状，综合考虑各区域中垃圾的可回收利用成分、不可回收利用成分及其他垃圾的成分所占比例，提出针对城区内垃圾总体情况的分类体系。针对城市垃圾日产量大，功能区不同垃圾数量和成分均不相同但垃圾总体成分比较集中的特点，对城市垃圾按成分分级后再进行分类。

城市应根据自己的情况，因地制宜，制定适合自己城市发展的垃圾分类标准和相应的处理处置规范。但垃圾分类人人有责（见图 2-3），每个公民都必须重视并养成垃圾分类的好习惯。

2.2 城市生活垃圾具体分类方法

垃圾的本义就是废弃无用的东西，所有的物品到达其使用寿命后，其固体形态的最终表现就是垃圾，而垃圾又是由多种材料和物质组成的，所以在这个意义上也可以认为"垃圾是放错位置的资源"。为促进清洁利用，减少生活垃圾末端处理的成本，减少对环境的影响，对于一些特定类别的生活垃圾，在源头就需进行分类收集。

为了方便垃圾收运，我国相关部门将生活垃圾分为四类，分别是：可回收物、厨余垃圾、有害垃圾和其他垃圾，下面将对这四类垃圾进行详细介绍。

2.2.1 可回收物

可回收物是指可以再生循环的、经过处理加工可以重新使用的生活废弃物。可回收物分类标识见图 2-4。

图 2-4　可回收物分类标识

可回收物主要包含废纸、废塑料、废玻璃、废金属、废旧纺织品等。详细类别见表 2-1。

表 2-1 可回收物类型

主要分类	类别	备注
废纸	报纸、杂志、图书、各种包装纸、办公用纸、纸盒等	纸巾和卫生用纸由于水溶性太强不可回收
废塑料	各种塑料袋、塑料包装物、一次性塑料餐盒和餐具、塑料杯、矿泉水瓶等	
废玻璃	各种玻璃瓶、碎玻璃片等	
废金属	易拉罐、罐头盒等	
废旧纺织品	废弃衣服、毛巾、书包、布鞋等	

据调查，废纸在可回收的生活垃圾中占最大比例，据《中国造纸工业2018 年度报告》显示，近年来我国纸消费量持续增长，2018 年全国纸及纸板生产企业约 2700 家，全国纸及纸板生产量 10435 万吨，较上年增长6.24%，消费量 10439 万吨，较上年增长 4.20%，人均年消费量 75 千克（13.95 亿人）。2009～2018 年，纸及纸板生产年均增长率 2.12%，消费年均增长率 2.22%。废纸在可回收物中占比较大但回收率难以达到较高数值，一方面是因为水溶性较强的纸巾、卫生巾等占有较高比例，多被直接丢弃难以回收；另一方面在短时间内不会被废弃和淘汰的图书、杂志等也占有较高比例。

废塑料是可回收物中增长最快的一类。随着社会发展，人民生活节奏变快，塑料制品需求量不断提高，废弃塑料也不断增多。目前我国废弃塑料主要为塑料薄膜、塑料丝及编织品、泡沫塑料、塑料包装箱及容器、日用塑料制品、塑料袋、饮料瓶和农用地膜等。各高校主要废弃塑料为饮料瓶、垃圾袋。据调查，某高校一栋宿舍楼 40 个房间一天内产生废饮料瓶数量大约为200 个，一个中等城市一天产生的废饮料瓶数量大约有 2000 个。

除此之外，我国汽车行业对塑料的需求量已达 40 万吨，家用电器、电子设备及家电配套用塑料年消费量已达 100 多万吨，这些产品都是有使用年限的，报废后都是废塑料的重要来源之一。

据《中国产业信息网》对 2018 年中国塑料薄膜行业发展现状及行业发展趋势分析，近年来，我国塑料薄膜产量逐年增加，年均增长速度达到了 15％。近年来，塑料薄膜市场将保持 20％以上的容量扩张。另悉，中国塑料薄膜的需求量每年将以 9％以上的速度增长。随着各种新材料、新设备和新工艺不断地涌现，将促使中国的塑料薄膜朝着品种多样化、专用化以及具备多功能的复合膜方向发展。

2012～2017 年中国塑料薄膜市场规模走势见图 2-5。

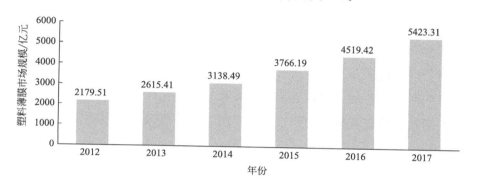

图 2-5　2012～2017 年中国塑料薄膜市场规模走势

我国的塑料加工业近几十年得到迅猛发展，尤其是近几年，年平均增长速度达到 10％以上，取得了举世瞩目的成绩。据前瞻产业研究院发布的《塑料制品行业产销需求与投资预测分析报告》统计数据显示，2018 年 3～6月全国塑料制品产量呈增长趋势，2018 年 6 月全国塑料制品产量为 590.8万吨，同比下降 3.3％。2018 年 7～8 月全国塑料制品产量下降，2018 年 8月全国塑料制品产量为 529.8 万吨，同比下降 0.4％，2018 年 9 月全国塑料制品产量有所回升，2018 年 9 月全国塑料制品产量为 541.3 万吨，同比下降 1％，2018 年 1～9 月全国塑料制品产量为 4573.7 万吨，同比增长 0.3％。

经过近几年的发展，随着城市化进程的加快，中国城市化率的提高，对塑料管道、异型材、人造革、合成革等一系列塑料制品的快速需求增长的拉动作用，技术创新能力的提升将推动通用塑料制造业的发展，科技创新和制度管理创新将大大激发市场活力，内需对塑料经济增长的作用在加大，为中国通用塑料发展新增了市场空间。据了解，2017 年中国塑料制品制造市场营收规模达到 2.44 万亿元，随着塑料行业逐渐成熟，塑料制品精度提高，预计 2023 年中国塑料制品制造市场营收规模将达到 3.29 万亿元。这些废塑料的存放、运输、加工等若处理不得当，势必会破坏环境，危害百姓健康。

生活中常用的外包装材料除了各种形式的塑料以外，还有以铝金属材料制成的包装容器、锡箔纸制成的包装容器等。由于钢罐比铝罐成本低，南美地区饮料包装市场钢罐占主导，但随着人们环保意识的提高，铝材正逐步替代钢材。随着拉伸技术在喷雾罐生产中的应用，铝质类喷雾罐正逐步占领市场。市场上还有一种铝材的替代品——PET 材料，它可以通过注塑模具制成不同外观的产品，而铝材相对较难通过注塑模具制成不同外观的产品，但两种材料的价格存在很大差异，PET 材料价格受石油价格影响，而铝可通过自身的回收循环使用降低成本。欧美及一些易拉罐高消费地区，都在不断提高铝罐及铝质包装材料的回收率。中国、美国废罐回收率对比见表 2-2。

表 2-2 中国、美国废罐回收率对比

国家	美国			中国		
年份	2015	2016	2017	2015	2016	2017
回收率/%	75	88.9	95.6	62	70	85.9

通常认为铝罐与其他包装容器相比更具环保性，回收可减少环境污染、节约资源，而对于其他包装容器如普遍盛行的塑料、PET 材料均源于石油，石油的不断开采则会造成资源的枯竭。

铝及其合金广泛应用于机械制造、建筑、交通、电器电子和包装材料等方面。20 世纪 70 年代之后，世界铝工业发展很快，铝产量已居有色金属之首，2017 年原铝产量已达到 7467 万吨，消费量为 7352 万吨。原铝工业虽然发展很快，但也受到建设周期长、投资大、能耗高、污染严重等问题的约束。为弥补原生铝发展的不足，满足日益增长的市场需求，各国开始关注再生铝的发展，目前再生铝及其产品已经广泛用于各工业领域。据悉，目前世界其他各国再生铝产量已达 700 万吨，约占原铝产量的 33%，发展势头迅猛。

中国铝工业发展很快，目前原铝产量达 8000 万吨，居世界第一位。但由于中国人口众多，人均消费量为 2.9kg。美国人均消费量为 29kg，日本人均消费量为 23.7kg，都远远高于中国的人均消费量，中国铝及其合金工业前景广阔。此外，中国再生铝工业最近几年发展较快，随着汽车制造、摩托车制造、建筑行业及包装工业的发展，再生铝的产量正逐年增加，再生铝工业有望得到更快速的发展。

2018 年我国铝材产量在 5000 万吨以上，进口废铝 100 万吨左右。在废铝的使用中，废易拉罐的利用还处在初级阶段。

易拉罐见图 2-6。

图 2-6　易拉罐

我国年生产易拉罐 500 亿只，消耗 3004 铝合金 30 万吨。易拉罐所用材料是一种档次较高的铝合金，但由于技术落后，废易拉罐全部被降级使用。到目前为止，我国还没有利用废易拉罐生产原牌号铝合金的企业。开发废易拉罐生产 3004 铝合金，即应用最广的一种防锈 Al-Mn 铝系合金的项目，可以带来较高的生态效益和经济效益。近几年，一些企业看准了废易拉罐回收利用的巨大潜力和广阔的市场前景，有意开发 3004 铝合金的市场。

废易拉罐的回收利用始于 20 世纪 60 年代的美国，回收技术也经过了几个阶段，最早是将散装的废易拉罐加入炉中融化成再生铝锭，后来发现烧损较大，进而把废易拉罐打包，提高其密度，金属回收率显著提高。废易拉罐的回收处理最难的问题是漆层的去除，一些国家在熔炼过程中加入溶剂，使漆层与溶剂进行反应造渣，但难以控制其反应条件，效果很差。

20 世纪 70 年代之后，美国、加拿大以及西欧的一些国家开始使用废易拉罐生产原牌号的合金铝锭。使用废易拉罐生产 3004 铝合金的主要技术问题是预处理，这些国家都采用了比较先进的预处理技术和设备。我国是世界

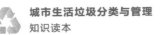
上废易拉罐回收率最高的国家，同时又是世界上废易拉罐利用水平较低的国家，回收的废易拉罐都被降低档次使用，由于许多企业基础设备差、技术水平低，使得环境污染严重且回收成本高，产品质量差。

废纸、废饮料瓶、废易拉罐等都是城市常见的可回收物，并且它们具有回收方便、可利用率高等特点，将它们有效回收利用是城市垃圾分类回收工作的重中之重。

2.2.2　厨余垃圾

厨余垃圾也被称为湿垃圾，是指居民日常生活及食品加工、饮食服务、单位供餐等活动中产生的生活废弃物。厨余垃圾分类标识见图 2-7。

图 2-7　厨余垃圾分类标识

厨余垃圾主要包含饭店、宾馆、企事业单位食堂、食品加工厂、家庭等加工和消费食物过程中形成的残羹剩饭、过期食品、下脚料、废料等废弃物，市场丢弃的食品和蔬菜垃圾等。

厨余垃圾明细见表 2-3。

表 2-3　厨余垃圾明细

垃圾分类	明细	备注
厨余垃圾	剩菜剩饭、腐肉、肉碎骨、畜禽产品内脏、蛋壳，以及果皮、茶叶渣、咖啡渣；农贸市场、农产品批发市场、超市产生的蔬菜瓜果垃圾等	难以生物降解的贝壳、大骨头、毛发等，宜作为其他垃圾投放。此外，还有果核、榛子皮、坚果类果壳、玉米棒，这些都是不可回收的

厨余垃圾是城市固体垃圾（municipal solid waste，MSW）中有机垃圾的重要组成部分，其理化特点是高水分、高盐分和高有机质含量，油脂含量远远高于其他垃圾。

厨余垃圾有微酸性的特点，pH 值约为 6.8，主要营养成分是水分、蛋白质、脂肪、糖类和盐分，它们所占含量分别为 73.03%、12.16%、6.23%、4.16%、1.24%，总碳含量为 13.95%，不适合直接焚烧处理，可用于堆肥处理。

厨余垃圾易腐烂，其性状和气味都会对环境卫生造成恶劣影响，且容易滋长病原微生物、霉菌毒素等有害物质。

厨余垃圾多产生于餐桌之上，一分钟前还是佳肴，一分钟后成了垃圾，由于饮食文化和聚餐习惯，大量的厨余垃圾成了中国常见的现象，中国餐桌浪费惊人，每天产生巨量的餐厨垃圾。厨余垃圾可细分为以下几类。

（1）未经加工的食材

主要是瓜果蔬菜（图 2-8）因不能食用而切削下来的茎叶、蔬菜夹带的泥土、动物内脏、禽类的头脚羽毛等不可食用部分（图 2-9）。这一类垃圾不含油或含很少油，经济价值不高，一般没有人单独收集此类垃圾，这类垃圾多用来堆肥，生产有机肥料。

图 2-8　果皮与果核

图 2-9　蛋壳

（2）剩饭剩菜

俗称泔水，这类垃圾主要是餐桌上剩余的饭菜和汤水等，含有大量油脂,从中提出的油称为泔水油。这种油的性质基本是中性的,酸值不高,很容易进入食用油,但较难达到卫生标准。

(3)油水分离器垃圾

这类垃圾一般产生在用餐人流量大、用餐时间集中的餐饮行业中,在洗刷餐具过程中,餐具中剩余的少量饭菜和一些油脂利用洗涤剂清洗,洗涤剂随着洗刷水进入油水分离器中,油脂类物质漂浮在水面,形成油水分离器垃圾。油水分离器垃圾的油脂含量比较高,一般在 20%～80%。从油水分离器中提取的油称为"地沟油",这类油的凝点、酸值较高。

地沟油回流餐桌流程见图 2-10。

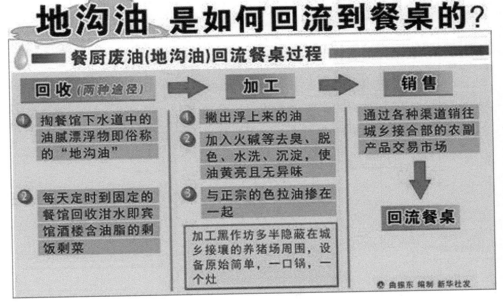

图 2-10　地沟油回流餐桌流程

中国部分农村地区存在将厨余垃圾作为廉价饲料直接饲喂畜禽的现象,见图 2-11,而城市厨余垃圾除了含有会伤及畜禽消化道的金属物、牙签及塑料等尖硬物体外,还含有大量病原微生物、寄生虫及其虫卵,饲喂畜禽后易引起人畜共患疾病。此外,厨余垃圾直接饲喂畜禽存在食物链危险:一是病原微生物所产生的生物毒素在畜禽体内富集,进而通过食物链转移到人体;二是厨余垃圾含有大量所饲喂畜禽的同源性蛋白,存在重大安全隐患,如目

图 2-11　泔水猪

前普遍认为疯牛病大规模爆发主要原因是牛食用了患有羊痒症的羊肉骨粉。因此农业部出台了《动物源性饲料产品安全卫生管理办法》，禁止使用动物源性饲料饲喂反刍动物。

2.2.3　有害垃圾

有害垃圾是指对人体健康有害的重金属、有毒物质或者会对环境造成现实危害或者潜在危害的废弃物。

有害垃圾分类标识见图 2-12。

图 2-12　有害垃圾分类标识

有害垃圾主要包括废旧灯管、过期药物及其包装物、废油漆及胶片等，见表 2-4。

表 2-4 有害垃圾明细

垃圾分类	明细	备注
有害垃圾	部分废电池（纽扣电池、电子产品用的锂电池等）、废日光灯管、废水银温度计、废油漆、过期药品等	需要特殊处理的垃圾

随着社会经济的发展，电子产品和通信器材迅速进入市场，市民为满足需求会频繁购置该类产品，但往往不能充分实现产品价值便将其遗弃，被遗弃的产品便成了有害垃圾，如手机、电动自行车、电动汽车等的大量使用，使得人们在日常生活中使用的电池数量和种类急剧增加。据中国电池工业协会提供的数据，截至 2017 年我国电池领域产量稳定增长，带动全球产量同比增长。

除此之外，过期药品也属于有害垃圾。随着我国经济实力的增强，国家和社会根据一定的法律法规，为劳动者提供患病时基本医疗需求保障而建立了社会保险制度。参保人持本人社会保障卡，可在本市任何一家定点医疗机构就医或定点零售药店购药。保障卡的费用是一年一清，部分人为贪图这部分利益，都会在清零前购置一堆药品，不管是否可以用到。那些被遗忘的药品过期后即从救人之物变成了有害垃圾，大量过期药品被随意丢弃，没有被定点回收，造成巨大的损失和危害。

城市中产生的废旧电池、废旧电子设备以及过期药品和化工药品用具等有害垃圾中，因实验室有明确的操作规范及器物处理规定，实验室产生的有害垃圾得到了较好地处理，未造成二次污染，但城市其他部门特别是家庭中废弃药品很难得到妥善的处理，为此应该重视城市有害垃圾的处理，保证其安全处置。

顺口溜

有毒垃圾要分开，
随意丢弃不要来，
废药及其包装物，
都要装进小红袋。

2.2.4 其他垃圾

其他垃圾也被称为干垃圾，是指危害较小，但无再利用价值的生活废弃物。

其他垃圾分类标识见图 2-13。

图 2-13　其他垃圾分类标识

其他垃圾主要包括砖瓦陶瓷、渣土、卫生间废纸、瓷器碎片等难以回收的废弃物，见表 2-5。

表 2-5　其他垃圾明细

垃圾分类	明细	备注
其他垃圾	砖瓦陶瓷、渣土、卫生间废纸、使用过的餐巾纸、一次性餐具、卫生纸、尿不湿、妇女卫生用品、烟蒂、打扫时产生的尘土、头发、被污染的塑料袋、胶带、创可贴、内衣裤、旧毛巾、面膜等	不能明确判定属于哪类垃圾的，可以先按照其他垃圾投放

中国工程院发布的《废旧化纤纺织品资源再生循环技术发展战略研究报告》表明，我国废旧纺织品累计产生量达 1.4 亿吨，但目前回收利用率却不足 10%。当前，我国废旧纺织品大多被当作垃圾进行填埋或者焚烧等简单处理。但纺织品很难降解，填埋会长期占用大量的土地资源；低温燃烧容易产生二噁英，高温焚烧会产生氮氧化物等大气污染物。根据中国纺织工业联合会测算，如果我国废旧纺织品能全部循环利用，相当于每年可节约原油 2400 万吨，减少 8000 万吨的二氧化碳排放。

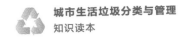
2.3 不同区域的城市生活垃圾分类

根据实际情况，因地制宜调整分类方案，总体原则可以按照"先易后难、先粗后细"进行具体化。"先易后难"是人们处理问题的基本原则与方法，对于垃圾分类可以遵循这一原则。"先粗后细"有两层含义：一是指分类工作开展的初始阶段，分类类别应简单，之后逐渐完善细化；二是指分类各环节上，源头分类类别应简单，再视情况在后续环节逐渐完善细化。

2.3.1 文教区的垃圾分类

文教区区域化明显，根据不同区域垃圾产生源不同，所适用的垃圾分类模式也应有所不同，具体分类模式如下。

（1）教学、办公行政区分类模式

依据前文垃圾产生源的特性分析，教学、办公行政区宜采用如图 2-14 所示的垃圾分类模式，在垃圾产生的源头进行可回收与不可回收分类。

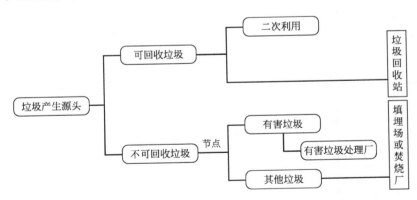

图 2-14　教学、办公行政区垃圾分类模式

教学、办公行政区产生的可回收物主要是废旧纸张、饮料瓶和易拉罐，源头分出的可回收物进行二次利用或送往垃圾回收站；不可回收垃圾在收集站/转运站等节点由专业人员分选出有害垃圾并将其运往有害垃圾处理厂，其他垃圾运往垃圾填埋厂或焚烧发电厂。

该垃圾分类模式源头操作简单，将可回收物送至回收站也减少了资源的浪费，在节点分出有害垃圾也避免了有害垃圾对环境的污染，剩余垃圾可利用率不高，不需要进行进一步的分拣，送至填埋场或垃圾焚烧厂进行处置。

（2）餐饮区的垃圾分类模式

餐饮区宜采用图 2-15 的垃圾分类模式，在垃圾产生源头采用干湿二分法进行垃圾分类。

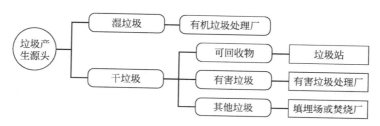

图 2-15　餐饮区的垃圾分类模式

餐饮区的湿垃圾主要是厨余垃圾，可运往有机垃圾处理厂处理，在垃圾收集点或中转站由专业人员对干垃圾进行分类，分拣出可回收物并运往垃圾站回收利用，有害垃圾运往有害垃圾处理厂处理，其他垃圾运往填埋场或焚烧厂发挥余热。

餐饮区人员流动性较大、停留时间短。运用此分类模式可以节省用餐人员的时间，并且可以很好地起到垃圾分类效果，避免了干湿垃圾混合造成可回收物的污染，造成资源浪费。该分类模式应用于餐饮区符合分类主体时间紧、流动性大的特点，分类效果明显。

（3）生活区垃圾分类模式

生活区宜采用的垃圾分类模式如图 2-16 所示。

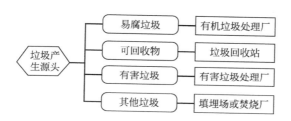

图 2-16　生活区垃圾分类模式

易腐垃圾运往有机垃圾处理厂，可回收物运往垃圾回收站处理，有害垃

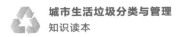

圾运往有害垃圾处理厂，其他垃圾运往填埋场或垃圾焚烧厂。

在生活区选用此种垃圾分类模式，一方面考虑到分类主体时间较为充裕，在相关制度的约束和引导下有时间和精力进行精细的垃圾分类；另一方面是分类主体文化程度普遍较高，环保意识和分类意识较强，在集中管理过程中可以实现相关的垃圾分类指标。该分类模式应用于生活区有效缓解了生活区内垃圾堆积如山的问题，不但减轻了卫生员的清扫任务而且实现了垃圾减量化、无害化处理。

2.3.2 居住区的垃圾分类

居住区域垃圾成分复杂，且各不同时期主要成分也会有很大的不同。分类主体应在政府制度的制约鞭策下很好地养成垃圾分类意识，因此在居住区内宜采用较复杂的垃圾源头分类方案。

（1）干、湿垃圾分类模式

见图 2-17。

图 2-17 干、湿垃圾分类模式

（2）垃圾分类操作流程

见图 2-18。

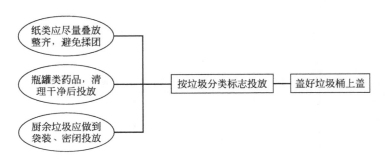

图 2-18 垃圾分类操作流程

2.3.3　商业区的垃圾分类

商业区是城市中各级政府、事业行政部门、社会团体、金融保险、科研设计公司，城市外地驻市机构以及广播、电视等单位聚集区域，由办公人员和管理人员构成，该区域垃圾成分简单、可回收物占比较大、垃圾量较固定，垃圾分类主体文化程度高、纪律性强，便于集中管理，容易接受垃圾分类教育，在保护环境、节约资源的意识鞭策下稍加引导，即可进行正确的垃圾分类，可采用复杂的垃圾分类方案。

商业区垃圾分类存在的问题，见图 2-19。

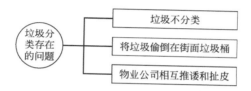

图 2-19　商业区垃圾分类存在的问题

商业区垃圾分类问题的解决方法，见图 2-20。

图 2-20　商业区垃圾分类问题的解决方法

四川北路街道商业区垃圾分类问题的解决方法

在"告知行动"中，街道印制了《单位分类垃圾责任告知书》、制作了各类垃圾分类海报宣传资料，对 23 栋楼宇负责物业的公司及楼内所有单位开展上门告知，全线明确垃圾分类的责任和义务。

在"扫楼行动"中，街道牵头城管、市容、市场监管、网格巡查等部门成立组团式检查小组，对 23 栋商务楼宇开展每周一次的全覆盖检查。同时组建了全部商务楼宇物业负责人在内的工作微信群，及时通报垃圾分类检查情况，并对整改不力的单位及时跟进处罚。截至目前，城管部门已开具整改单、谈话通知单等 170 余份，罚款 6000 元。

"协调行动"，即对商务楼宇在垃圾分类过程中遇到的困难进行协调。

位于武进路 289 号的海泰时代大厦楼内共有单位 279 家。组团式检查小组在前期几次检查中，发现该大楼小餐饮餐厨垃圾分类都不合格，楼内其他办公单位的垃圾仍是混装。街道一方面加强对涉及单位的再告知和跟进执法；另一方面针对小餐饮单位湿垃圾桶开放管理、易被偷倒的实际情况，调整为对这些垃圾桶实施配锁管理，由各家单位自行负责，从而迅速扭转乱象。

"公示行动"，即向社会展示辖区单位的垃圾分类开展情况，广泛接受社会公众的监督，街道专门制作了"垃圾分类公示牌"，根据当月检查情况，在商务楼宇公共区域的墙面上进行公示。海泰时代大厦内一家小餐饮店负责人说："公示牌一上墙，我们的压力挺大的，谁做得好谁做得不好，大家一看都知道。做得不好，还有可能被'逐'出大厦，到时候损失的就是我们自己。"

2.4 国外城市生活垃圾分类现状

（1）美国垃圾分类

每周三早上，美国加利福尼亚州旧金山区弗里蒙特市的市民会将平时摆在院子里的三个颜色的滚轮垃圾桶推出去，一字排开放在门前的街道上。随着垃圾车开过，这些放置在街道上的垃圾桶被分类运走。不同的垃圾桶各有用途，在这座城市里，灰色垃圾桶用来装可再生垃圾，如酒瓶、饮料瓶、易拉罐等；蓝色垃圾桶装不可回收利用的垃圾，如剩菜剩饭、菜根、果皮等厨房垃圾；绿色垃圾桶用来装院子里的杂草、修剪的树枝等（图 2-21）。

这就是美国加州生活垃圾分类的一个缩影。每个城市赋予不同颜色的垃圾桶不同的"内涵"，回收一次垃圾的时间也不尽相同，但垃圾分类已经深入人心，成为日常。

美国有专门的公司统一提供垃圾回收服务。美国的垃圾分类制度有一个成熟完善的体系，包括居民在日常生活中进行的前端分类，还包括后端的回

图 2-21　垃圾桶

收和利用、掩埋处理和降解使用，这样才能实现生活垃圾减量化、无害化和资源化。居民对生活垃圾进行分类是整个系统工程的基础，每个城市都对垃圾分类有清晰的解释、教育和推广活动。在城市的官方网站上，居民可以查阅具体的垃圾回收计划、垃圾分类等各种信息。除了常见的生活垃圾，有毒家用清洁剂、涂料稀释剂、杀虫剂、含汞的荧光灯泡和灯管、温度计和恒温计、电子垃圾和车用蓄电池等家庭有害垃圾是不得放入路边滚轮垃圾桶中的。因为家庭有害垃圾包含有毒物质，如果处理不当，会危害人类及环境。这些有害垃圾必须放在指定的回收地点，不能随意丢弃。

分类之后的垃圾由专门的垃圾回收公司按照固定日期收取，居民每月缴纳一定数额的"垃圾清运费"，个人严禁私自翻捡垃圾桶内的可利用物品，否则按盗窃罪处理。全美有两万多家垃圾回收公司为不同的城市提供服务。以旧金山为例，绿源再生（Recology）公司是这座城市的服务公司，居民免费领取 3 个 32 加仑（1 加仑≈3.785L）的垃圾桶，每月支付该公司 35.17 美元的服务费，该公司提供定期的垃圾清运服务。

垃圾回收公司通常会用不同的方法对生活垃圾进行再分类，并合理回收处理。可再生塑料、金属、废纸、玻璃会被分选回收再利用；可燃物焚烧产电；可分解的有机物经过发酵制成有机肥料；无机垃圾则用于铺路。近年来，垃圾回收公司多用更为优化的方式对生活垃圾进行再处理，常用的有利用有机垃圾气化发电；热解焚烧污染物、焚烧供热，气化发电，水气渣净化等。根据绿源再生公司网站消息，旧金山的食物废料被运往附近工厂变成宝贵的肥料。一些成品肥料被售卖至纳帕酒乡的葡萄园。

在美国，居民乱丢垃圾有可能坐牢。美国垃圾分类的严格执行与政府的教育推广和细致的法律法规是分不开的。《资源保护及回收法》是美国处置固体和危险废物管理的基础性法律。美国国会于 1965 年 10 月 21 日通过该法，以应对日益增长的城市和工业废弃物问题。这一法律分为三部分，分别对固体废物、危险废物和危险废物地下贮存库的管理提出要求，这一法律的重点是危险废物的控制与管理。为了与该法律配套，美国环保局制定了上百个关于固体废物、危险废弃物的排放、收集、贮存、运输、处理、处置回收利用的规定、规划和指南等，形成了较为完善的固体废物管理法规体系。

除了联邦法律，每个州也分别有自己的法律法规。在美国乱丢垃圾是犯罪行为，各州都有禁止乱扔垃圾的法律，乱丢杂物属三级轻罪，可处以300～1000 美元不等的罚款、入狱或社区服务（最长一年），也可以上述两种或三种并罚。

这样的结果与加州政府超前的环保意识和颁布的一系列法案息息相关。早在 1921 年，旧金山政府就要求垃圾回收必须由公司来管理，取缔个人回收垃圾的行为，从而产生了"落日清洁公司"和"清洁工协会"，也就是如今旧金山的绿源再生公司。1979 年，旧金山市通过了"综合废弃物管理法令"（AB939 号），要求各行政区在 2000 年以前，实现 50％废弃物通过削减和再循环的方式进行处理。未达到要求的区域管理人员被处以每天一万美元的行政罚款。同时，以家庭为独立个体施行垃圾分类收集，并有机构定期上门收集可回收物品，销售收益用来抵付垃圾处理费用的政策。

根据这一法律，加州成立了"城市废料统一管理委员会"来具体指导、监督各项工作的实施，目的在于使民众充分意识到城市垃圾不断增加、填埋场地日益紧缺的现实。

随着时间的推移，旧金山政府对垃圾回收分类利用的法律越来越细化，包括实施 2003 年加州通过的"废旧电器回收法"，对废旧电脑、电视以及其他音像设备的回收处理做了具体规定。

2009 年，旧金山通过了"垃圾强制分类法"，规定居民必须严格遵守废弃物品分类，严禁私自翻捡垃圾箱内的可利用物，否则按盗窃罪论处，同时对于违规的各住户采取不同等级的罚款。这在当年被媒体称为全美最严苛的法律。

（2）韩国垃圾分类

众所周知，韩国对垃圾分类有着严格的控制标准，如果不了解相关规则，一不小心就会因为扔错垃圾而被处罚。韩国严格细致的分类标准如下。

① 纸类包装。将包装内的物品倒出，尽可能用水冲洗后，确保和一般纸类垃圾分类后丢弃。若没有回收箱，在与一般纸类垃圾区分之后，与其他的再生垃圾（如易拉罐、玻璃瓶等）一同丢弃。

② 玻璃瓶。将瓶盖拧除，倒出瓶内物品后丢弃，不要将烟蒂等异物放入瓶中，玻璃瓶作为空容器押金制的对象，把瓶子退给商店时，可以取回相应的回收费。

③ 铁罐、铝罐。将罐内物品倒出，并尽可能将包装罐压扁，将罐外和罐内的塑料瓶盖去除，不能将烟蒂等异物放入瓶中。

④ PET、PVC 等 P 字开头的塑料材质容器包装材料。将包装物内物品倒干净，将其他材质制作的瓶盖（或者银箔、包装材料等）或者附着商标去除后尽可能压扁后丢弃，丢弃时保证塑料（胶卷）类垃圾不会散开或者被吹散。

⑤ 泡沫缓冲材料。用于电器器械类产品的发泡合成树脂缓冲材料，需要返还到产品购买处。农产品、水产品、畜产品包装用的塑料泡沫箱需要将包装物内的物品完全倒出，去除附着商标，有异物附着的情况需要将其洗净后丢弃。

⑥ 普通纸类。报纸类需要保持干燥，平整展开，整齐地堆砌、捆绑后丢弃，不要混入经染色的塑料广告宣传纸，塑料纸和其他污物；笔记本、书本需要去除经染色的塑料封皮，笔记本上的弹簧等；一次性纸杯需要将杯中的杂物倒掉，用水冲洗净，将杯身压扁后放入封套或者是将其捆绑在一起；硬纸箱类需要将染色塑料的部分，还有粘在箱子上的胶带等去除后压扁，用易于搬运的方式捆绑后丢弃。

⑦ 家具家电类。将还可以继续使用的电器和家具产品送到二手物品交换卖场（回收中心等）。如果已损坏不能修理的话，和有关的地方单位联系，交纳相关的手续费（附标签）后丢弃。在购买家电产品时，可以请销售人员

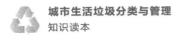
回收同一天的产品和包装。

⑧ 废铁。不混入杂质的前提下装进袋子或者是用绳子捆绑后放置。

⑨ 衣物。应使衣物不被水汽沾湿，将衣物放入麻袋或者捆绑后丢弃在自治单位或者民间回收团体设置的回收箱处。

⑩ 食品垃圾。食品垃圾是指食品生产、流通、加工、处理过程中所产生的农产品、水产品、畜产品垃圾和餐后剩下的垃圾。一般食品垃圾的投放标准：畜禽类的毛和骨头、贝类的外壳、蛋类外壳、在骨头和贝壳上残留的肉要尽可能去除之后投放，但是带有可能会造成回收站设备故障的坚硬物质（塑料袋、瓶盖、塑料、玻璃片、金属等）的食品垃圾应该作为一般垃圾处理。

2.5 城市生活垃圾分类小常识

（1）可回收物

可回收物主要包括废纸、废塑料、废玻璃、废金属和废旧纺织物五大类。

废纸：主要包括报纸、期刊、图书、各种包装纸、办公用纸、广告纸、纸盒等，要注意纸巾和厕所纸由于水溶性太强不可回收。

废塑料：主要包括各种塑料袋、塑料包装物、一次性塑料餐盒和餐具、牙刷、杯子、矿泉水瓶等。

废玻璃：主要包括各种玻璃瓶、碎玻璃片、暖瓶等。

废金属：主要包括易拉罐、罐头盒等。

废旧纺织物：主要包括废弃衣服、桌布、书包、鞋等。通过综合处理回收利用，可以减少污染，节省资源。

可回收物回收意义重大，如每回收 1t 废纸可造纸 750kg，节省木材 300kg，比等量生产减少污染 64％；每回收 1t 塑料饮料瓶可获得 0.6t 二级原料；每回收 1t 废钢铁可炼钢 0.9t，比用矿石冶炼节约成本 46％，减少 65％的空气污染，减少 96％的水污染和固体废物。

轻投轻放，清洁干燥，避免污染。

废纸尽量平整。

立体包装需清空内容物，清洁后压扁投放。

有尖锐边角的，应包裹后投放。

注意纸巾由于水溶性太强不可回收。

（2）有害垃圾

有害垃圾是指存有对人体健康有害的重金属、有毒物质或者会对环境造成危害的废弃物。

主要包括：废电池（废蓄电池、废纽扣电池等）、废旧电子产品、废旧灯管灯泡、过期药品、过期日用化妆品、染发剂、废弃水银温度计、废打印机墨盒等。由于这类垃圾的特殊性，对其处理也要采取特殊措施。

① 废电池。

市场上的电池可分为一次电池和二次电池，一次电池包括锌锰电池和碱性锌锰电池，二次电池包括小型二次电池和铅酸蓄电池。小型二次电池中有镉镍电池、氢镍电池和锂离子电池，此外还有动力电池、燃料电池、太阳能电池、锌镍电池、金属空气电池等。

② 过期药品。

药品一般都有保质期，过期药品不但疗效降低，成分改变，还可能成为致命的"毒药"，因为药品的酸、碱、水解等性质都很容易发生变化，储存不好还会发霉变质。药品一旦过期，就很容易分解，对环境造成污染，影响人们的健康。例如维生素 C 经常与空气接触，就容易被氧化，而氧化后的维生素 C 会对人体产生危害。

③ 过期化妆品。

现在的化妆品名目繁多，有清洁类的、有美容类的，按照剂型又有液、膏、霜、粉等。化妆品也有保质期，如果在使用期限内没有用完，就成了过

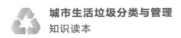
期产品。由于化妆品和人们的皮肤、身体直接接触，如果处理不当，同样会影响使用者健康。

废灯管等易破损的有害垃圾应连带包装或包裹一起投放。

轻拿轻放，防止破碎。

回收的废油漆分类，不能混杂。

盛放化妆品的盒子大多是玻璃和塑料两种材质，这两种材质都属于可回收物，在投放垃圾的时候，要注意将其投放到可回收物箱内。

废杀虫剂等压力罐装容器，应排空内容物后投放。

（3）厨余垃圾

厨余垃圾是指居民日常生活及食品加工、饮食服务、单位供餐等活动中产生的垃圾。

主要包括：剩菜剩饭与西餐糕点等食物残余、菜梗菜叶、动物骨骼内脏、茶叶渣、水果残余、果壳瓜皮、盆景等植物的残枝落叶、废弃食用油等。

去除食材食品的包装物，不得混入纸巾餐具、厨房用具等。

难以生物降解的贝壳、大骨头、毛发等，宜作为其他垃圾投放。此外，还有果核、榛子皮、坚果类果壳、玉米棒，这些都是不可回收的。像是鸡骨头等小型骨头和软骨等易降解，则归属厨余垃圾。

厨余垃圾应滤去水分后再投放。

（4）其他垃圾

其他垃圾是除去可回收物、有害垃圾、厨余垃圾之外的所有垃圾的总称，主要包括：受污染与无法再生的纸张（纸杯、照片、复写纸等）、受污染或其他不可回收的塑料袋与其他受污染的塑料制品、妇女卫生用品、一次性餐具、烟头、灰土等。

其他垃圾示例见图 2-22。

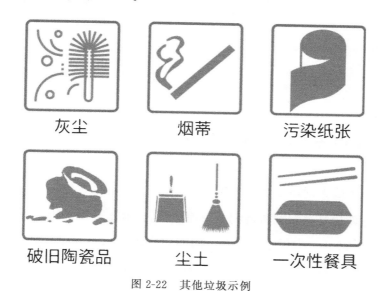

灰尘　　　　　　烟蒂　　　　　污染纸张

破旧陶瓷品　　　　尘土　　　　一次性餐具

图 2-22　其他垃圾示例

并不是所有电池都属于有害垃圾。

尽量沥干水分。

难以辨别类别的生活垃圾可投入其他垃圾中。

城市生活垃圾收运

3.1 城市生活垃圾收运概况

（1）城市垃圾桶数量及摆放位置

城市垃圾桶是根据城市规划要求摆放的,《城市环境卫生设施规划规范》（GB 50337—2003）中规定，废物箱的间距应该按照《城市环境卫生设施设置标准》进行设置：商业大街设置间隔 25～50m；交通干道设置间隔 50～70m；一般道路设置间隔 70～100m。

（2）城市垃圾收运情况

城市垃圾收运采用分区存储集中收运的方式。以保定市市区为例，市区内划分为五个区，各区分设垃圾转运台站，各区相关部门独立调配辖区环卫进行本区垃圾收集工作，每日凌晨三点至下午五点各区垃圾准运台站将前一天收集到的垃圾，利用大型垃圾压缩车分批运往垃圾压缩转运站，进行简单分类后压缩密实，之后送往垃圾焚烧发电厂进行焚烧发电，焚烧产生的飞灰及废渣经过收集密封后运往无害化处理中心进行填埋处理。至此市民产生的垃圾真正的处理完毕。

（3）垃圾收运中存在的不足之处

优化垃圾收运系统是一个涉及多领域的综合问题，收运效率和收运费用，主要取决于下列因素：

① 垃圾收运过程的作业方法；

② 垃圾收运车辆类型、数量及车辆机械化装卸程度；

③ 垃圾收运次数/天、收运时间及收运工人劳动强度；

④ 垃圾收运路线对于整个垃圾收运系统的优化来讲，又受社会、环境、经济等诸多因素交互影响，是政府在城市管理中需要宏观决策的一个战略性问题，其中人口分布、收集密度、运输距离、交通影响、环境影响和系统接口以及是否符合城市总体规划和政策法律法规的要求等都是要考虑的因素。

因此，对垃圾收运系统合理优化，及时全面地完成垃圾运输计划，既可以满足城市居民对城市环境的质量要求，缓解城市垃圾带来的巨大压力，减少不必要的浪费，又可以提高垃圾收运效率，节约收运成本。

（4）国内城市垃圾概况

在相当长的一段时期内，国内城市垃圾是露天堆放的，这与我国垃圾管理情况总体上是同步的。进入 21 世纪以后，我国城市垃圾处理才取得了较大的进步，找到了前进的动力。从垃圾处理方法来看，国内目前常用的有：综合利用、卫生填埋、焚烧和堆肥等。其中，焚烧法发展较慢，原因是焚烧垃圾所需资金较大且垃圾经过焚烧会产生有害气体，因此，中国大多数城市不采用焚烧法，而是采用卫生填埋法。有专家认为，卫生填埋法比较符合中国国情。中国大陆地区 90％以上可利用的废弃物被填埋或焚烧掉，这种方法虽然避免了露天堆放产生的问题，但其缺点是建填埋场占地面积大，使用时间短（一般 10 年左右），造价高，垃圾中可回收利用的资源浪费高。因此，实现废弃物利用的前提便是将垃圾进行分类处理。

我国大部分城市目前的生活垃圾分为四大类。一是可回收物，包括废纸、废塑料、废玻璃、废金属和废旧纺织物；二是厨余垃圾，如：剩饭、骨头、果皮菜叶等食品残骸；三是有害垃圾，如废旧电池、破碎水银温度计以及过期医用药品等；四是其他垃圾，如卫生纸、渣土等难以回收的废弃物品。而仅仅将垃圾分为这四类是远远不够的，日本、德国等垃圾分类体系完善的国家，垃圾分类就达到了 8 种之多，细化的分类让他们的垃圾几乎达到了百分之百回收。

根据调查，城市分类垃圾桶摆放数量很多，而且大多数垃圾桶都印有分

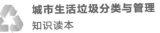
类标识，但是市民对于垃圾分类的理解模糊，导致乱扔、混扔现象比比皆是。市民的认识反映了整个国家对于垃圾分类的认知水平，这也是中国在垃圾分类实施过程中遇到的比较棘手的问题，这影响了中国垃圾分类的发展进程。

目前，中国是世界上垃圾包袱最沉重的国家之一。据统计，全国城市垃圾历年堆放总量高达 70 亿吨，而且产生量每年以约 8.97％的速度递增。垃圾堆放量占土地总面积已达 5 亿平方米，约折合 75 万亩耕地。中国的耕地面积有 20 亿亩，相当于全国每 1 万亩耕地就有 3.75 亩用来堆放垃圾。其中，全国工业固体废物历年贮存量达 6.49 亿吨，占地面积 5.17 万公顷。全国 600 多座大中城市中，有 70％被垃圾所包围。城市垃圾管理问题得不到重视，部分市民有不自觉的现象，经常随意扔垃圾，部分有气味或者危险实验药品类垃圾不能得到很好的处理。政府的一些管理部门不重视这个问题，导致一些市民"变本加厉"，因为受不到惩罚，所以更加没有限制。城市产生的垃圾不能得到正确的处理。

（5）国外城市垃圾概况

美国、日本等发达国家的城市能很好地进行垃圾分类投放，促进了垃圾后续处理工作。调查发现美国、日本等国家针对垃圾分类问题颁布了相关法律，如果公民不能进行正确的垃圾分类投放将会受到处罚。

3.2 城市生活垃圾收集

3.2.1 城市生活垃圾收集概述

垃圾收运主要指垃圾的收集与运输两部分，垃圾分类过程最重要的是前端。目前，我国的生活垃圾收集模式还是"混装混运""源头收集、一次转运""源头收集、多次转运"的收运体系。通过清洁人员清扫收集—固定的垃圾桶—垃圾收集车运输—垃圾转运站（由小到大转运站转运）—垃圾处理厂。其中垃圾桶的容量、分类回收的外观设置、垃圾转运站的分布、运输车的数量、运输路线等都影响着分类的效果。为保证垃圾分类的效果，首先应提高垃圾桶的收集能力。

实现垃圾源头的减量化和垃圾资源利用的最大化，获得良好的经济效益，需要发挥好垃圾桶的分类收集功能，在新型分类垃圾桶上做足文章。区域统一、标准统一并细化垃圾收集装置，从垃圾桶的造型、颜色、垃圾桶的摆放间距，到垃圾清理时间与市民作息时间的匹配，同时利用大数据平台，实现内部分类的智能化。在垃圾桶设计过程中应注意以下事项。

① 垃圾桶外观应简单、协调，材料光亮易清理，同时要注意及时清洁，防止垃圾过多而溢出，避免垃圾桶破损、生锈及垃圾液体腐蚀引起二次污染，也可设计防溢装置。固定垃圾箱位置，要与环境相协调，既要方便市民，又要不影响生活环境，同时利于垃圾分类收集和机械化运输。

垃圾桶见图 3-1。

图 3-1　垃圾桶

② 统一垃圾箱颜色、分类标识与分类标准。目前，我国垃圾桶颜色主要分为五类。

红色或橙色：代表有害物质。有害物质包括废电池、废旧荧光灯管、废旧涂料、过期药品、过期化妆品等不可回收且带有一定污染危害的物质。

绿色：在多种塑料垃圾桶组合的情况下，绿色代表厨余垃圾。厨余垃圾可以作为植物养分的肥料使用，土壤掩埋后可被大自然微生物和植物分解吸收，起到废物再利用的作用。

蓝色：代表可回收再利用垃圾，包括废塑料、废纸类、废金属等有利用

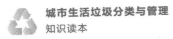
价值的物质，这些物质将被纳入废品回收系统，作资源再生处置使用。

灰色：除有害物质和可回收物质以外的其他垃圾，主要有砖瓦、陶瓷、渣土等难以回收的废弃物，这类物质一般会被焚烧、掩埋。

黄色：代表医疗废物专用垃圾桶，一般只用于医院、卫生站等医疗场所。

城市中垃圾的种类因功能分区不同，各地区的垃圾种类较固定，垃圾桶外观可以采用明亮的颜色以更好地突出显示，便于投放者辨认，见表3-1。在我们大多数人的普遍认知中觉得绿色更能代表生态环保信息，对颜色的选择多偏好绿色，可堆肥的厨余垃圾回收箱为绿色；有毒有害垃圾回收箱设计为红色，时刻警醒人们的行为；可回收物回收箱设计为蓝色，蓝色是海洋与天空的颜色，充分的包容性寓意可"回报"社会的可回收物；医疗废物垃圾箱设计为黄色。

表 3-1　不同颜色垃圾箱存放的垃圾成分

垃圾种类	垃圾箱颜色	垃圾组成
可回收物	蓝色	废纸、废金属、废玻璃、废塑料、废橡胶及橡胶制品、废旧纺织物等
厨余垃圾	绿色	剩菜剩饭等食物类垃圾以及果皮果核等
有害垃圾	红色	废灯管、旧电池、过期药品、废有机溶剂等
其他垃圾	灰色	除了可回收物、有害垃圾、厨余垃圾之外的垃圾

③ 智能化。为垃圾桶安装激光传感器、光敏电阻等，对桶内容积进行实时监控。相关部门根据大数据信息，对剩余容积偏小的垃圾桶进行及时清理。将互联网技术纳入垃圾箱的监管体系，市民分类时扫描垃圾箱上的二维码，或者通过身份证、手机卡等身份信息获得识别，通过内部的称量装置对市民垃圾投放数量进行统计，同时换算成一定积分奖励市民。

下面介绍一种基于 Zigbee 的智能环卫垃圾桶。

Zigbee 是一种新兴的近距离、低复杂度、低成本、低功耗、低速率的无线通信技术，是基于 IEEE702.15.4 标准开发的无线协议，通过无线传感器之间的相互协调实现双向通信。Zigbee 中包含两种不同类型的设备，即全功能设备（FFD）和简单功能设备（RFD）。FFD 设备可作为网络中的协调器、路由器或终端，RFD 设备只能充当终端，不能传输大规模的数据。

通过传感器采集垃圾桶的重量，将感受到的物体重量转换成可用的输出信号；使用激光传感器和光敏电阻采集垃圾桶中的垃圾体积数据，通过计算测量设计电路，检测光敏电阻的电压，结合垃圾桶的重量，判断是否需要清理。使用热红外人体感应和语音模块，当人们走近垃圾桶时，热红外线接收感应，内部芯片驱动电机工作，垃圾桶盖自动打开，并语音提示"请您进行垃圾分类"。

居民通过刷卡识别、智能计量等措施投放垃圾，保洁员负责复核验证，投放站将数据实时传至云端进行统计，大数据监管平台实时接收各智能收集箱产生的数据，通过云平台对大数据的统计和发布，学校就能调动各级监管的力量，做到精准监管。

如果分类正确，系统就会给予积分奖励，居民可以在 APP 上查看投放信息以及积分，市民们还可凭积分到绿岛平台兑换物质奖励。

通过统一垃圾收集装置的外部特征，优化垃圾桶内部的构造，利用"互联网激励平台＋垃圾分类智能管理系统"模式，以源头干预为特点，通过激励措施鼓励人们进行垃圾分类，实现生活垃圾减量与资源回收。

"垃圾分类智能管理系统"可以由硬件和软件两部分组成，硬件部分即垃圾分类智能投放站，软件部分即大数据监管系统。"互联网激励平台"由协管平台、绿岛社区平台等组成，为垃圾分类提供支持，完善了垃圾分类的机理机制。

3.2.2 垃圾分类模式典型案例

（1）国外分类模式

垃圾分类模式国外典型案例见图 3-2。

① 以新加坡为代表的从源头入手分类模式。新加坡的垃圾分类制度不算复杂，主要分为可回收物和不可回收垃圾两大类。一般蓝色垃圾桶用于投放可回收物，绿色垃圾桶用于投放不可回收垃圾。蓝色垃圾桶将可回

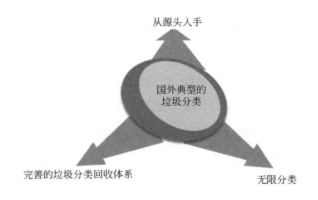

图 3-2   国外典型垃圾分类模式

收的垃圾再细分为 4 类并分别粘贴上醒目的标识：蓝色代表塑料品、绿色代表纸质品、红色代表玻璃制品、黄色代表金属用品。大件可回收物品需另行处理。

② 以德国为代表的垃圾分类回收体系比较完善的模式。随着垃圾分类概念深入人心，严谨细致的德国人早已对垃圾分类习以为常，相关规定得到了很好的遵守和执行。

在德国，垃圾主要分为家庭垃圾、生物垃圾、可回收物、玻璃、废旧纸张等几类。这样的分类可以保证不同种类垃圾得到恰当的处理。例如生物垃圾，只包括食物残渣（包括已烹饪和未烹饪）、过期食品（去除包装）、水果、蔬菜、鸡蛋壳、鲜花、其他植物等，将被直接用作生成沼气；废旧玻璃，还细分为有色玻璃和无色玻璃，也是为了方便回收再利用，制成新的玻璃制品。

总体上看，德国垃圾分类的主要目的就是通过垃圾分类，有效提高垃圾回收再利用效率，减少燃烧、填埋等垃圾处理方式的工作量，从而达到保护环境、节约资源的目的。在德国，一般家庭住宅楼都设有专门的室内或室外垃圾房用于放置各类垃圾箱。其中，有黑色（黑色盖子，不可回收生活垃圾）、棕色（棕色盖子，生物垃圾）、蓝色（废旧纸张）、绿色（废旧玻璃）、橙色（可回收物）等。在很多垃圾房中，都张贴有比较形象的垃圾分类说明，用以指导居民正确分类垃圾。

德国将生活垃圾收集装置分为以下几种：玻璃贮存容器：储存各种颜色的玻璃，然后送到玻璃厂回收；衣鞋贮存容器：收集旧衣服、鞋子，按可用性进行分类，送到二手市场或者清洁用具厂；纸质品贮存器：回收纸盒、厚纸板，分类挑选后由造纸厂再造可用纸；有机垃圾桶：收集可经堆肥处理的有机垃圾，由堆肥厂处理；塑料膜、饮料盒和金属膜、金属制品等进行分类收集。对于无法利用的其他垃圾则运往垃圾填埋场填埋或焚烧。

③ 以日本为代表的无限分类模式。由于国土面积狭小且各类资源短缺，日本采取的无限分类的垃圾分类模式是日本社会的标志性现象。日本全国各县都有不同的垃圾分类政策且大部分都非常严格，日本横滨的地方垃圾分类手册多达 27 页，518 项条款，规定都非常细致，只对那些无法再细分的无利用价值的垃圾进行焚烧处理。日本街头很少有垃圾箱，每户每天需要花费十多分钟的时间，分门别类放好垃圾等垃圾车来收。

然而日本的垃圾分类，并没有让垃圾回收效率提高，反而提高了成本。有日本学者认为，垃圾回收主要分两大流程，即运输和分拣。垃圾分类确实降低了分拣成本，但是提高了运输成本，回收过程中的运输成本占 70% 左右。垃圾分类太仔细，企业就要增加垃圾桶、运输车辆和人力成本。一辆车过来，只能收走其中一类垃圾，其他类别只能等下一趟来收。这样一来，无形之中效率降低，成本却大大提高了。

（2）国内城市垃圾收集模式

目前，我国试点城市的垃圾分类模式主要分为收集厨余垃圾、可回收物、有害垃圾和其他垃圾四类。对厨余垃圾采用生物发酵或直接填埋；可回收物分为废纸、废金属、废塑料、废玻璃、废布料，由相关企业进行资源再利用；有害垃圾有废电池、废旧灯管、过期药品和化妆品等，需要由有危险处理资质的企业集中处置；其他受到污染或完全失去价值的垃圾压缩后进行

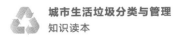
填埋。

根据我国垃圾的实际情况，建议采用干、湿垃圾分类模式。干垃圾主要指没有被污染、含水量低、回收简单、价值大且易处理的垃圾，如废塑料瓶、纸质用品包装等。湿垃圾主要指含水量高、回收加工处理复杂的垃圾，如厨余垃圾、卫生用品垃圾等。

针对我国城市生活垃圾分布及进展情况，可以采取"2＋n"的生活垃圾分类模式，其中"2"表明了推进垃圾分类工作的决心和原则，以及至少分为两大类的底线。"n"则表示可"因地制宜"，根据实际情况和实践效果调整分类方案，增加 1 个或多个分类类别。"2＋n"模式是"先易后难、先粗后细"分类原则的具体化。此模式应用于快节奏的城镇生活垃圾分类不仅符合实际情况且增大了垃圾分类的可实施性，还可对垃圾进行有效分类，提高垃圾回收利用率和资源利用率。

3.3 城市生活垃圾运输

完成城市生活垃圾收运处置系统的第一环节后，要有相应的中转、运输方式相衔接。将被收集后的生活垃圾运送至处置场所的过程称为运输。随着城市居民生活水平的提高，国家对垃圾分类的重视，运输要求也越来越高。

3.3.1 城市生活垃圾运输方式

运输方式是指将收集到的物品按下一阶段工作的要求以一定的途径和交通设施将其运往不同的场所以备处理的运输模式。它分为直接运输和间接运输两种。

（1）直接运输

通常采用大型垃圾压缩车的形式对居民社区、街道、企事业单位内的生活垃圾进行直接压缩处理然后直接运往垃圾处理地。

（2）间接运输

是指在中途设有转运站和垃圾处理站的间接运输模式。它是先将收集到的垃圾通过各种运输工具运至转运站，经压缩等处理后再由车辆运往垃圾处理厂的运输模式。

3.3.2　城市生活垃圾运输设备

根据装车形式不同，可分为不同的车型，如前装式、侧装式、后装式、顶装式、集装箱直接上车等。为了清运狭小小巷内的垃圾，还需要配备人力手推车、三轮车和小型机动车等。

目前国内常使用的垃圾收集车如下。

（1）简易自卸式收集车

简易自卸式收集车见图 3-3。

图 3-3　简易自卸式收集车

简易自卸式收集车是国内最常用的生活垃圾收集车，一般分为罩盖式自卸收集车和密封式自卸车两种。简易自卸式收集车一般配以叉车或铲车，便于在车厢上方机械装车，适宜于固定容器收集法作业。

（2）活动斗式收集车

活动斗式收集车见图 3-4。

活动斗式收集车的车厢作为活动敞开式贮存容器，平时大多放置在垃圾收集点。车厢贴地且容量大，适宜贮存装载大件垃圾，也称为多功能车，一般用于拖拽容器收集法作业。

图 3-4　活动斗式收集车

（3）侧装式密封收集车

侧装式密封收集车见图 3-5。

图 3-5　侧装式密封收集车

侧装式密封收集车车辆内侧装有液压驱动提升机构，提升配套圆形垃圾桶，可将地面上垃圾桶提升至车厢顶部，由倒入口倾翻。倒入口有顶盖，随桶倾倒动作而启闭。

（4）后装式压缩收集车

后装式压缩收集车见图 3-6。

后装式压缩收集车车厢后部开设投入口，装配有压缩推板装置。通常投入口高度较低，能适应居民中老年人和小孩倒垃圾，同时由于有压缩推板，适应体积大、密度小的垃圾收集。

图 3-6　后装式压缩收集车

3.4 城市生活垃圾收运系统

3.4.1　城市生活垃圾收运流程

垃圾的收运即固体废物的收集与运输，是一项烦琐的工作，其中城市垃圾收运更为繁杂。城市垃圾的收运一般由收集、运输、中转三个阶段构成。城市生活垃圾收运流程见图 3-7。

图 3-7　城市生活垃圾收运流程

3.4.2　现有城市生活垃圾收运系统

目前垃圾收运污染排放量高，收运车辆密封性差且"溢漏滴撒"，极易对环境造成二次污染。垃圾收运环节作为连接垃圾产生与垃圾处理的重要环节，花费巨大，运输过程也较复杂，是城市垃圾处理中最为薄弱的环节。在城市垃圾从产生到处置的全过程中，收集和运输的费用占总费用的 60%～70%，因此对垃圾收运系统进行精细化规划设计显得尤为重要。按照机械收集、集中转运、环保高效的原则，运用信息化手段，探索成本合理、高效环

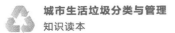

保的生活垃圾分类收运新模式。

　　根据区域垃圾的产生特点和市民活动的时间阶段设置整体收集方案，引入垃圾桶的数量及大小、垃圾桶的距离和位置、城市垃圾日平均产生量等影响因素，垃圾桶的配置可通过如下计算。

　　区域内垃圾日平均产生量模型：

$$Q = nv$$

式中　Q——收集区域内日平均产生量，kg/d；

　　　　n——区域附近人流量，人；

　　　　v——平均每个人每日产生的垃圾量，人/(kg·d)。

　　区域内垃圾桶数量计算模型：

$$N = \frac{Q}{py}$$

式中　N——活动区域内垃圾桶数量，个；

　　　　p——单个垃圾桶的容积，m³/个；

　　　　y——垃圾箱的填充系数，为 0.8～0.9。

　　可根据计算模型，计算区域内产生的垃圾数量，为回收区域配置合理数量的垃圾箱。

　　对于垃圾桶分布距离的设置，徐志高等建立了以垃圾桶摆放距离和位置为变量的最大最小规划模型，在此原则下利用反复迭代，计算出垃圾桶的平均距离应大于 30m，小于 150m。城市商业区和居民区等人员活动集中，是垃圾密集的地方，垃圾桶距离应控制在 30～50m 之间；对于稀疏型的地方，垃圾桶距离应在 100～150m 之间。

　　信息技术已经渗透到各行各业，生活垃圾收运系统信息化水平是该系统是否高端、高效的标志。将系统内设备纳入信息化管理，将极大地提高整体管控水平，提高各个收运环节的效率，通过对所有不同类型的智能垃圾收集箱、可卸式转运容器和车辆进行电子标识，建立数据库、服务器，进行网络数字化统计分析和调度控制，实现更合理的统筹调运。所建立的信息化管理系统，能实现信息采集、信息共享、集中指挥，通过收集收运站点、转运站点垃圾收运量实时信息，采集车辆运行状况，配合导航定位系统，实现运输线路优化，减少时间浪费。

《城市环境卫生设施设置标准》

第 3.1 条　供居民使用的生活垃圾容器，以及袋装垃圾收集堆放点的位置要固定，既应符合方便居民和不影响市容观瞻等要求，又要利于垃圾的分类收集和机械化清除。

第 3.2 条　生活垃圾收集点的服务半径一般不应超过 70m。在规划建造新住宅区时，未设垃圾管道的多层住宅一般每四幢设置一个垃圾收集点，并建造生活垃圾容器间，安置活动垃圾箱（桶）。容器间内应设排水和通风设施。

第 3.3 条　医疗废弃物和其他特种垃圾必须单独存放。垃圾容器要密闭并具有便于识别的标志。

第 3.4 条　各类垃圾容器的容量按使用人口、垃圾日排出量计算。垃圾存放容器的总容纳量必须满足使用需要，避免垃圾溢出而影响环境。

例如，宁波市利用物联网技术和信息化技手段对垃圾收运体系实行全面的监管。通过信息化的多环节管理体系，实现垃圾产生单位、环卫作业人员、环卫车辆、垃圾处理设施、环境质量等物品、设施和人员之间的信息互联，并与宁波市市容环境卫生管理处的总监管中心互联网络相连接，形成宁波市环卫系统统一的物联网络。

物联网（Inter of Things，IOT）是通过射频识别（RFID）、红外感应器、传感器、GPS/北斗系统、二维码系统、激光扫描器等信息传感设备，按约定的协议把任何物品与互联网相连接，进行信息交换和通信，以实现对物品的智能化识别、定位、跟踪、监控和管理的一种网络。

再如上海浦东建设集全球卫星定位系统 GPS、射频识别 RFID、地理信息系统 GIS 以及无线通信技术于一体的综合监管平台，实现对生活垃圾运输车辆的实时监控、调度，对收运垃圾源头小区、街道、小压站的识别。通过安装在车辆上用于采集、测量、上报信息以及提供通信和其他辅助功能的卫星定位终端为生活垃圾运输车辆管理提供了一个可靠的、强有力的前端平台，结合车辆上安装的无线 RFID 读写器，读取向各小区门房、小压站操作人员等发放的 RFID 信息，识别生活垃圾收集点，完成生活垃圾源头收运时间、路线、收集点信息的采集。

再通过无线通信链路，传输的数据包括车辆定位、收运时间、生活垃圾收集点等，以及作业指令等信息。生活垃圾运输车辆监控管理通过 GPS 定位技术，可以了解各类环卫作业车辆的线路轨迹、位置、速度等实时数据达到对作业、运输过程监督的目的（内容来自《浦东新区生活垃圾分类收运体系与信息化监管技术应用试点研究》）。

3.4.3　新型城市生活垃圾收运体系

新型生活垃圾分类收运体系的建成，主要从分类投放、分类收集、分类运输三方面考虑。采用三级管理机制促进和约束垃圾源头分类投放、智能化收集装置日清模式以及高效、经济的运输，实现最终的资源化利用。

建立以城市管理为主导，以企业为主体，全民参与的垃圾处理体系。城市制定规范并提供相关政策支持，提供实施的基地和场所，企业出资建设，市民积极参与、落实的"三位一体"管理模式。

以广东轻工职业技术学院推行的垃圾分类管理模式为例，该校将政府管理职能分解承接，实现了政府、企业、学校、学生等多方共赢。通过这一模式，政府无需动用大量资金和管理人员，即可有效减少垃圾产量，促进资源的回收利用，解决垃圾问题。企业通过管理系统产生的大数据以及绿岛提供的广告、快递、零售等第三方服务获得投资回报，学校获得相应的科研经费，在参与研发的过程中可培养相关专业学生。此外在保洁管理上，可获得节约管理成本的效益，也可完善素质教育方式。学生通过正确的垃圾分类投放，获得积分，积分可兑换奖励，也可作为综合素质评价的指标。

设想一下，这个"轻工模式"走进社区，换来的可能是免费逛公园、坐公交的福利，甚至是银行贷款、积分入学的优先权。这也正是广东轻工职业技术学院推行垃圾分类投放的另一个初衷，即推动社会公共管理转型，真正打通政府服务居民的"最后一公里"（内容来自《高职生文明行为养成教育的思考——以垃圾分类为载体》）。

毫无疑问，生活垃圾分类习惯的养成是一个长时间积累的过程。因此，城市应建立垃圾分类宣传队伍。持续开展形式多样的垃圾分类宣传活动，让环保意识深入人心，从而实现健康、创新、有序的城市文化建设。作为典型的公共管理问题，垃圾分类是一个全社会的综合系统工程，必须从政府、企业、家庭、个人等各个层面共同发力，缺一不可。

3.5 城市生活垃圾收运路线优化

（1）设计垃圾收运路线的原则

① 收运路线应尽可能紧凑，避免重复或断续。

② 收运路线应能平衡工作量，使每个作业阶段、每条线路的收集和清运时间大致相等。

③ 收集路线应避免在交通拥挤的高峰时间段收集、清运垃圾。

④ 收运路线应当首先收集地势较高地区的垃圾。

⑤ 收集路线起始点最好位于停车场或车库附近。

⑥ 收运路线在单行街道收集垃圾，起点应尽量靠近街道入口处，沿环形路线进行垃圾收集工作。

（2）垃圾收运路线设计方案

在垃圾收运路线的设计中，根据实际情况设计合理的收运路线在一定程度上可以非常有效地提高城市垃圾收运水平。垃圾收运路线的设计一般有四种方案（图 3-8）。

① 第一种方案是每天按固定路线收运。这是目前采用最多的收集方案。环卫工人每天按照预设固定路线进行收集。该法具有收集时间固定、路线长短可以根据人员和设备进行调整的特点。缺点是人力设备使用效率较低，在

图 3-8　垃圾收运路线设计方案

人力和设备出现故障时会影响收集工作的正常进行，而且当路线垃圾产生量发生变化时，不能及时调整收集路线。

② 第二种方案是大路线收运，允许收集人员在一定时间段内，自己决定何时何地进行哪条路线的收集工作。此法的优缺点与第一种方法相似。

③ 第三种方案是车辆满载法。环卫工人每天收集的垃圾是运输车辆的最大承载量。此方法的优点是可以减少垃圾运输时间，能够比较充分地利用人力和设备，并且适用于所有收集方式。缺点是不能准确预测车辆最大承载相当于多少居民或企业单位的垃圾产生量。

④ 第四种方案是采用固定工作时间的方法。收集人员每天在规定的时间内工作。这样可以比较充分利用有关的人力和物力，但是由于本方法规律性不明显，一般人员很少了解本地垃圾收集的具体时间。

3.6 收运发展建议

3.6.1　现存问题

我国城市人口规模日益增加，在日常生活中所产生的垃圾数量相当巨大，城市垃圾处理问题给国家的城市化发展进程带来了严峻的挑战。

① 垃圾清运过程秩序混乱，清运设施不完善。

② 城市居民对于垃圾处理的责任和意识不强。

③ 垃圾清运车辆缺乏清洁管理。

3.6.2　发展建议

国家"十四五"期间，各城市将确定合理的生活垃圾收运模式，优化转运方式的组合形态，推行生活垃圾分类、集装、压缩运输。将按标准建设一批与处理、处置设施相配套的大中型垃圾转运站，实施城镇生活垃圾收集系统全覆盖；通过环卫装备的升级换代，全密封压缩环保型垃圾车不仅有助于实现固体废物收运车辆"全密闭、压缩化、高运能"，而且此项技术的广泛使用将彻底改变我国传统的城市生活垃圾清运方式，将对城市生活废弃物的分类减量、无害化转运处理及资源化利用起到促进作用。

① 改垃圾房（站）为密封垃圾桶，且收集地点可转移，无臭气、污水、噪声、蚊蝇扰民的新型模式。

② 压缩式垃圾车超强的压缩性能，可使车载垃圾容量缩小至1/4，水分含量减少3/4，大大降低垃圾焚烧（或填埋）时的能源消耗（污水渗漏），减少了政府相关部门按重量给予垃圾处理补贴的财政支出。

③ 良好稳定的操控性能对垃圾进行高效压缩收集，大大减少了环卫工人数量和劳动强度。

④ 全密封结构特性，从根本上改变垃圾转运过程中"跑、冒、滴、漏"所造成的二次污染。

第4章

城市生活垃圾处理、处置与资源化

4.1 城市生活垃圾预处理

为最终处理或再生利用提供准备工作的处理工序称为预处理，也称为前处理。预处理的目的是减少垃圾的末端处理成本。

城市生活垃圾预处理方法主要包括：压实、破碎和分选。

（1）压实

压实是利用压力将垃圾的体积减小，提高其容量，是垃圾运输、处理和处置前常采用的一种预处理方法。可减少运输费用；有利于垃圾的厌氧发酵分解；可以更有效地利用处置场地。

垃圾压实机见图 4-1。

图 4-1　垃圾压实机

（2）破碎

破碎是利用外力克服废物质点间的内聚力使大块变小块、小块分裂成细粉末过程。垃圾破碎是使垃圾缩容，减少垃圾的转运次数，降低垃圾转运成本，减少垃圾转运过程中二次污染的有效途径，同时在破碎的中间可以进行一些垃圾的分离，一部分垃圾可以填埋，一部分垃圾可以回收，一部分垃圾用于焚烧，提高垃圾可用资源的利用率。

垃圾破碎机见图 4-2。

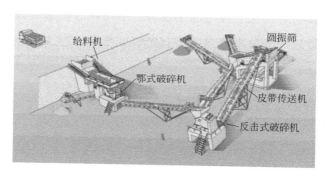

图 4-2　垃圾破碎机

（3）分选

分选是经破碎带、破碎机处理后的垃圾自然下落至综合风选机，并与整流后的扁平气流垂直相遇。根据密度不同，落点不同，破碎后垃圾粒径不同、成分不同的原理，通过风选装置、粒选装置、磁选装置，可将城市生活垃圾分选为铁磁物（包括电池类）、有机物、不可回收类可燃物、薄膜塑料类等。垃圾分选，历来是垃圾处理技术的瓶颈，不管是焚烧、填埋处理工艺，还是综合处理工艺，很多失败案例都是因为垃圾分选不彻底，导致后续工序无法操作而使整条生产线都不能正常运行。

4.2 城市生活垃圾终端处置方法

4.2.1 城市生活垃圾种类以及现状

城市生活垃圾按照分布区域主要分为居民生活垃圾，街道保洁垃圾和集

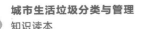

团公司办公垃圾；按照种类可分为食品垃圾、普通垃圾、建筑垃圾、清扫垃圾及危险垃圾；按处理方法可分为可回收物、可堆肥垃圾、可燃垃圾、有害垃圾和其他垃圾；按垃圾特性主要分为湿垃圾、干垃圾、有害垃圾及大件垃圾。"干湿分类"主要是针对我国国情提出的一种简单实用的分类方式。

（1）纸张

可回收再造废旧纸张包括报纸、周刊、钉装或线装书本杂志、信笺纸张、宣传纸张等，不可回收再造的废旧纸张包括餐巾纸、面纸、抹手纸、蜡纸、自动粘贴或附有胶水、胶带的贴纸等。不可回收再造的废旧报纸，包装箱等运往垃圾处理厂多被堆成高山等被焚烧或填埋。

废纸见图 4-3。

图 4-3　废纸

（2）厨余垃圾

厨余垃圾泛指生活饮食中所需的生料及成品（熟食）或残留物，分为熟厨余和生厨余。熟厨余垃圾包括剩菜、剩饭等，生厨余垃圾包括变质、腐烂的蔬菜等。食堂厨余垃圾主要包括食用剩下的剩菜剩饭，还有不能使用的蔬菜水果等。

厨余垃圾见图 4-4。

厨余垃圾处理方式有以下几种。

① 粉碎直排。

由于厨房空间有限，因此就地减量处理是厨余垃圾处理的基本方法。目前，很多国家都采用了在厨房配置厨余垃圾处理装置，将粉碎后的厨余垃圾直接排入市政下水管网的方法，这些垃圾与水混合后排放到城市污水处理系

图 4-4　厨余垃圾

统进行无害化处理，此方法适用于产生厨余垃圾量较小的单位。但该方法往往会在城市下水道中滋生病菌、蚊蝇并导致疾病传播，同时可能造成排水管道堵塞，降低城市下水道的排水能力，加重了城市污水处理系统的负荷，也还可能造成二次污染。

常见的粉碎直排设备构造见图 4-5。

隔音板
高质不锈钢
持久耐用

永久性
润滑轴承

隔音板
和绝缘

独特的
腐蚀防护

气动开关

图 4-5　常见的粉碎直排设备构造

② 填埋。

我国很多地区的厨余垃圾都是与普通垃圾一起送入填埋场进行填埋处理的，填埋是大多数国家生活垃圾无害化处理的主要处理方式。由于厨余垃圾中含有大量的可降解组分，稳定时间短，有利于垃圾填埋场地的恢复使用，且操作简便，因此应用得比较普遍。随着对厨余垃圾可利用性认识的增强，无论在欧美、日本还是在中国，厨余垃圾的填埋率都呈现下降趋势，目前有

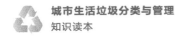

很多国家已禁止厨余垃圾进入填埋场处理。

③ 肥料化处理。

厨余垃圾的肥料化处理方法主要包括好氧堆肥和厌氧消化两种。好氧堆肥过程是在有氧条件下，利用好氧微生物分泌的胞外酶将有机物固体分解为可溶性有机物质，再渗入到细胞中，通过微生物的新陈代谢，实现整个堆肥过程。同时，由好氧堆肥引申出一些类似的方法，如蚯蚓堆肥是近年来发展起来的一项新技术，利用蚯蚓吞食大量厨余垃圾，并将其与土壤混合，通过砂囊的机械研磨作用和肠道内的生物化学作用将有机物转化为自身或其他生物可以利用的营养物质。

厨余垃圾有机菌肥见图4-6。

图 4-6　厨余垃圾有机菌肥

④ 饲料化处理。

厨余垃圾的饲料化处理原理是利用厨余垃圾中含有的大量有机物，通过对其粉碎、脱水、发酵、软硬分离，将垃圾转变成高热量的动物饲料，变废为宝。目前我国厨余垃圾的饲料化处理技术已趋成熟，有多种类型的处理技术在上海、北京、武汉、济南等城市推广应用。在饲料化处理中，最重要的一步工艺就是发酵，在该方向上很多研究都取得了显著成果。

厨余垃圾饲料化见图4-7。

⑤ 能源化处理。

厨余垃圾的能源化处理是在近几年迅速兴起的，主要包括焚烧法、热分解法、发酵制氢等。焚烧法处理厨余垃圾效率较高，最终产生约5％的利于

图 4-7 厨余垃圾饲料化

处置的残余物，焚烧是在特制的焚烧炉中进行的，产生的热能可转换为蒸汽或者电能，从而实现能源的回收利用，但厨余垃圾的含水率高，热值较低，燃烧时需要添加辅助燃料，投资大，另外其尾气处理也是一个难题。

（3）过期药品

化学等学科的发展离不开实验，而伴随实验也会出现很多垃圾处理问题，比如化学实验药品的处理、仪器设备的处置等。当然试验药品不只出现在化学这一学科，生物、医学等学科同样也会产生此类垃圾，废弃危险物及化工厂废物处理过程中存在问题有以下几个方面。

① 真正有资质处理危险废弃物的机构能力不足，导致城市的废弃化工药品回收处理的渠道不够顺畅。多数有资质处理危险废弃物的机构大多采用焚烧法处理废弃物，因此，只有一些有机溶剂废液才能够得到处理，而重金属尤其是含汞的废液不能处理，这是工厂无法正常处理废液的另一个重要原因。

② 固体废物排放有两种途径：一是随废水直排入水体的，其处理要求高，需要利用化工用品处理机率大，因此处理成本就会增加。二是随废水排入市政管网，处理要求相对较低，可节约成本。但有一些一味追求经济效益的工厂会将未经处理的废弃物或者处理程度远低于要求的直接排入水体，直接导致了水体恶化等严重的环境问题。

在药品化工厂运作过程中，应让工作人员树立化学有害物质不经处理不

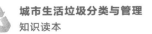

允许排放的观念，在思想上对工作人员进行环境保护意识的强化教育，引导工作人员在生产的过程中通过规范操作尽量减少固废的产生，对于产生的固体废弃物，可以按照污染物的污染程度、性质和主要成分进行分类。

阶段生产结束后，根据其类别特性选择合适的储存容器和存放地点。容器务必要洁净、密闭，防止产生的气体挥发逸出，并在每个存储容器上注明产生的来源及主要成分；严禁将废物混合后贮存，以避免发生剧烈的化学反应而造成事故；固废要放在指定的地点，要求避光、远离热源等。再根据各种不同的药品，进行不同的处理。

（4）塑料制品

塑料垃圾也称为"白色污染"，是当今世界重大的"公害"，已成为威胁生态环境的一个重要因素。因此，怎样解决"白色污染"问题，是当今世界各国政府以及社会各界有识之士高度重视的公共课题。

塑料制品的大量使用方便了人们的生活，但也带给了我们许多烦恼，甚至为环境造成了灾难。我们经常使用的塑料袋见图4-8。

图4-8　塑料袋

目前，一些国家把可降解塑料作为继金属材料、无机材料和高分子材料之后的第四种重要应用材料，且已成为各发达国家争相研制的重点项目。近年来，国际上生物降解塑料的发展较为迅速，许多新型产品已应用于包装领域。

我国目前处理塑料垃圾的主要方法就是焚烧填埋，而焚烧处理会产生许多有害气体，如硫化物等，它们会破坏臭氧层对地球产生极大的危害，到头来人类还是会自食其果。除此之外，填埋处理也是一种弊端极大的方式，由于塑料制品多为一些有机高分子化合物，如果填埋处理，在地下极难降解，危害极大。

循环再利用可以实现塑料制品的最大利用。

① 可以将废旧的塑料制品进行粉碎处理，将其粉碎到极小的颗粒，然后将颗粒进行回收再利用，再用其进行塑料产品的制作。

② 把废旧的塑料进行简单清洗，然后烘干将其加热到熔融状态，再次加工处理，重新制成新的塑料用品。

③ 将塑料进行高压处理，将其作为填充物，然后进行包装，利用它的韧性以及弹性将其用到建筑等行业，或者将其作为床板及其他制品进行废物的回收利用。

④ 将塑料做成一些工艺品例如纸花之类的装饰品，利用它的韧性，做出来的工艺品可以保留很长时间。

（5）残枝落叶

我国北方地处北温带，每逢秋季，气温较低，雨水减少，植物的根部吸收作用减慢，植物体得到的水分与无机盐大减，因此不能正常地进行光合作用、呼吸作用和蒸腾作用等生理活动。如果继续保留叶片，就会蒸腾出大量水分，威胁植物生存。当度过寒冷与干旱之后，新的叶片便会长出。

落叶有两种情况：一种是干旱或寒冷季节来临时，树叶枯死脱落，仅存枝干为落叶树，如桃；另一种是在春夏时新叶长出以后，老叶逐渐脱落，就全树看，终年常绿，为常绿树，如樟。

落叶的内因是叶片经过一定时期的生理活动后细胞内产生大量的代谢产物，如矿物质积累引起生理功能衰退而死亡（叶绿素破坏），外因是天气变冷，土温降低，雨水减少，根系吸水能力大大减弱。绿植每到秋季会产生大量落叶，它们四处飘散，给城市街道清扫造成很大麻烦。

难以清扫的落叶如图 4-9 所示。

目前，城市各街道内有专门清理落叶残枝的人员，工作人员多将残枝落叶收集，集中转运至焚烧厂进行焚烧处理，焚烧落叶同样会对大气环境造成很大的影响。目前恰当的处理方法为粉碎发酵，变废为宝，将残枝落叶通过粉碎机粉碎，然后加入添加剂进行发酵，从而将其转换成有机肥料。

图 4-9　难以清扫的落叶

4.2.2　不同垃圾的处置方法

国内外广泛采用的城市生活垃圾处理方式主要有卫生填埋、堆肥和焚烧等相对无害化的处理方式，这三种垃圾处理方式的比例因地理环境、垃圾成分、经济发展水平等因素的不同而有所区别。

由于城市垃圾成分复杂，且受经济发展水平、能源结构、自然条件及传统习惯等因素的影响，所以不同城市对垃圾的处理情况有所差别，一个国家各地区也采用不同的处理方式，很难有统一的模式，但最终都是以无害化、资源化、减量化为处理目标。填埋、焚烧、堆肥等方式，机械化程度较高，且已形成系统并拥有成套设备。

垃圾处理一般有填埋、堆肥和焚烧三种处理方式：

（1）填埋

填埋处理需占用大量土地，同时垃圾中有害成分对大气、土壤及水源也会造成严重污染，不仅会破坏生态环境，还会严重危害人体健康。城市垃圾填埋是城市垃圾最基本的处置方法，虽然可用焚化、堆肥或分选回收等方法处理城市垃圾，但其难以处理的部分剩余物仍需作最后的填埋处理。利用坑洼地带填埋城市垃圾，既可处置废物，又可覆土造地，保护环境。城市垃圾填埋的方法主要有：卫生填埋、压缩垃圾填埋、破碎垃圾填埋三种。

填埋垃圾的优点：卫生填埋由于具有技术成熟、处理费用低等优点，是目前我国城市垃圾集中处置的主要方式。

填埋垃圾的缺点：填埋的垃圾并没有进行无害化处理，残留着大量的细菌、病毒，还潜伏着沼气泄漏、重金属污染等隐患，其垃圾渗漏液还会长久地污染地下水资源，所以这种方法存在着极大危害，会给子孙后代带来无穷的后患。这种方法不仅没有实现垃圾的资源化处理，而且还会大量占用土地，这是把污染源留存给子孙后代的危险做法。目前许多发达国家明令禁止填埋垃圾，我国政府的各级主管部门对这种处理技术存在的问题也逐步有了认识。

（2）堆肥

堆肥处理要对垃圾进行分拣、分类，垃圾的有机物含量要求较高，而且堆肥处理不能直接减量化，仍需占用大量土地。

垃圾好氧堆肥是在有氧存在的条件下，以好氧微生物为主降解、稳定有机物的无害化处理方法。由于具有发酵周期短、无害化程度高、卫生条件好和易于机械化操作等特点，好氧堆肥法在国内外得到广泛应用。好氧堆肥工艺由前处理、主发酵（亦可称一次发酵、一级发酵或初级发酵）、后发酵（亦可称二次发酵、二级发酵或次级发酵）、后处理、脱臭及贮存等工序组成。

① 前处理。

生活垃圾中往往含有粗大垃圾和不可堆肥物质，这些物质会影响垃圾处理机械的正常运行，降低发酵仓容积的有效使用，使堆肥难以达到无害化要求，从而影响堆肥产品的质量。前处理的主要任务是破碎和分选，去除不可堆肥化物质，将垃圾破碎在 12～60mm 的适宜粒径范围。

② 主发酵。

主发酵可在露天或发酵仓内进行，通过翻堆搅拌或强制通风来供给氧气，供给空气的方式随发酵仓种类而异。发酵初期物质的分解作用是靠嗜温菌（生长繁殖最适宜温度为 30～40℃）进行的，随着堆温的升高，最适宜温度 45～65℃ 的嗜热菌取代了嗜温菌，能进行高效率的分解，氧的供应情况与保温床的良好程度对堆料的温度上升有很大影响，然后将进入降温阶段，通常将温度升高到开始降低为止的阶段称为主发酵期。生活垃圾的好氧堆肥化的主发酵期约为 4～12d。

此外，还可以采用卧式滚筒作为好氧堆肥反应器，通过滚筒的转动实现物料、氧气、微生物的充分混合反应，提高传质效率，实现有机物的稳定化、无害化处理，变有机固废为资源，无外加热源，低能耗，全密闭环境友好。

③ 后发酵。

碳氮比过高的未腐熟堆肥施用于土壤，会导致土壤呈氮饥饿状态。碳氮比过低的未腐熟堆肥施用于土壤，会分解产生氨气，危害农作物的生长。因此，经过主发酵的半成品必须进行后发酵。后发酵可在专设仓内进行，但通常把物料堆积到 1～2m 高度，进行敞开式后发酵。为提高后发酵效率，有时仍需进行翻堆或通风。在主发酵工序尚未分解及较难分解的有机物在此阶段可能全部分解，变成腐殖酸、氨基酸等比较稳定的有机物，得到完全成熟的堆肥成品。后发酵时间通常在 20～30d 以上。

④ 后处理。

经过二次发酵后的物料中，几乎所有的有机物都被稳定化和减量化。但在前处理工序中还没有完全去除的塑料、玻璃、陶瓷、金属、小石块等杂物还要经过一道分选工序去除。可以用回转式振动筛、磁选机、风选机等预处理设备分离去除上述杂质，并根据需要进行再破碎（如生产精制堆肥），也可以根据土壤的情况，将散装堆肥中加入 N、P、K 添加剂后生产复合肥。

⑤ 脱臭。

在堆肥化工艺过程中，会有氨、硫化氢、甲基硫醇、胺类等物质在各个工序中产生，必须进行脱臭处理。去除臭气的方法主要有化学除臭及吸附剂吸附法等，经济实用的方法是熟堆肥氧化吸附的生物除臭法。将源于堆肥产品的腐熟堆肥置入脱臭器，堆高约 0.8～1.2m，将臭气通入系统，使之与生物分解和吸附及时作用，其氨、硫化氢去除效率均可达 98% 以上。

⑥ 贮存。

堆肥一般在春秋两季使用，在夏冬两季就需积存。因此，一般的堆肥工厂要设置至少能容纳 6 个月产量的贮藏设施，以保证生产的连续进行。

（3）焚烧

焚烧的实质是将有机垃圾在高温及供氧充足的条件下氧化成惰性气态物和无机不可燃物，以形成稳定的固态残渣。首先将垃圾放在焚烧炉中进行燃烧，释放出热能，然后余热回收可供热或发电。烟气净化后排出，少量剩余残渣排出、填埋或作其他用途，其优点是迅速的减容能力和彻底的高温无害化，占地面积不大，对周围环境影响较小，且有热能回收。因此，对生活垃圾实行焚烧处理是无害化、减量化和资源化的有效处理方式，随着人们环境意识的不断增强和热能回收等综合利用技术的提高，世界各国采用焚烧技术处理生活垃圾的比例正在逐年增加。

焚烧是广泛采用的城市垃圾处理技术，大型设备配备有热能回收与利用装置的垃圾焚烧处理系统，由于顺应了回收能源的要求，正逐渐上升为焚烧处理的主流。焚烧技术的广泛应用，除了得益于经济发达、投资力强、垃圾热值高外，主要在于焚烧工艺和设备的成熟、先进。各种焚烧装置及新型焚烧炉正朝着高效、节能、低造价、低污染的方向发展，且自动化程度越来越高。目前我国城市垃圾处理的技术对策是：以卫生填埋和高温堆肥技术为主，提倡有条件的城市特别是沿海经济发达地区发展焚烧技术。近几年各城市开始进行垃圾焚烧处理的基础研究和应用研究工作，开发了包括 NF 系列逆燃式、RF 系列热解式、HL 系列旋转式小型垃圾燃烧炉及一批医院垃圾专用焚烧炉，并建设了一批中小型城市简易焚烧厂（站）。

随着我国经济的发展和人民生活水平的提高，城市垃圾中可燃物、易燃物含量明显增加，热值显著增大，经过一般分类、分选等预处理后，垃圾热值已接近发达国家城市垃圾的热值。因此我国一些城市，特别是经济发达地区等已具备了发展焚烧技术的基础。

4.3 城市生活垃圾简单资源化

4.3.1 废纸回收再利用

废纸是在生产生活中经过使用而废弃的可循环再生资源，包括各种高档纸、黄板纸、废纸箱、切边纸、打包纸、企业单位用纸、工程用纸、书刊报纸等。国际上，废纸一般分为欧废、美废和日废三种。

　　欧废就是来自于欧洲的废纸。美废就是来自美国的废纸。日废就是日本进口的废纸。不同的废纸，编号不同，用途不同，但都是进口用作再生造纸或生产纸箱等纸制品。比如美废的牛皮纸，进口到中国可以再生还原。

在我国，废纸的循环再利用程度与西方发达国家相比较低。2018 年，我国废纸原料消费量达 7027 万吨，其中，我国废纸消费 5324 万吨，较同期持平，占比 75.8%；外国废纸进口量 1703 万吨，同比下降 33.8%，占比 24.2%。

由于利用原木造浆的传统造纸消耗大量木材、破坏生态，并造成严重的环境污染。因此，利用废纸的"城市造纸"已经和造林、造纸一体化的"林浆纸一体化"一起成为现代造纸业的两大发展趋势。城市造纸同时还起到消纳城市垃圾的作用，体现"城市生产、城市消纳"的精神。废纸在造纸原料中的构成日益上升，专家预测 21 世纪废纸占造纸原料的比重将高达 60%～70%。如今废纸已成为我国最重要的造纸原料。废纸回收流程见图 4-10。

图 4-10　废纸回收流程

纸张的原料主要为木材、草、芦苇、竹等植物纤维，废纸又被称为"二次纤维"，最主要的用途还是纤维回用生产再生纸产品。根据纤维成分的不同，按纸种进行对应循环利用才能最大程度发挥废纸资源价值。

除再生纸生产外，低品质或混杂了其他材料的废纸还有其他广泛的再生用途，例如：

（1）生产家具

在新加坡等地，旧报纸、旧书刊等废纸可以卷成圆形细长棍，在外裹一层塑胶纸来制作实用美观的家具。

（2）生产模制产品

纸模包装制品可广泛用于产品的内包装，可替代发泡塑料。

（3）生产日用品或工艺专用品

难于处理的废纸可通过破碎、磨制、加入黏结剂和各种填料后再成型，生产肥皂盒、鞋盒、隔音纸板、装置纸。

（4）生产土木建筑材料

主要制造隔热保温材料或复合材料、灰泥材料等。

（5）园艺及农牧业生产

废纸打浆后制成小花盆；农牧生产中可改善土壤质量，可加工成牛羊饲料。

（6）提炼废纸再生酶

提炼再生酶后可用于废纸脱墨，生产白色再生纸。

（7）生产葡萄糖

旧报纸用酸处理，溶掉纤维后分解生成葡萄糖。废纸的产生和回收流程见图 4-11。

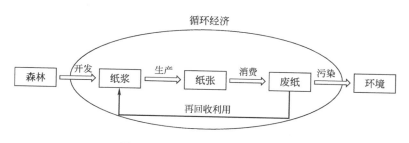

图 4-11　废纸的产生和回收流程

（8）化学工业上的利用

生产 CMC、助滤剂，与合成纤维混合生产工业抹布。

目前废纸的分类有空白纸张、课本书籍、杂志、报刊、纸箱、纸板等。由于总体上分类并没有统一标准，而且没有形成规范的分类，废纸的回收利用出现了很多问题。我国废纸分拣率低，公民废纸回收利用的意识淡薄，很多废旧纸都是随手丢弃，加之没有专门的机构来处理，造成了很大的环境污染问题。废纸回收没有专门的设施，大部分废纸回收人员受教育程度低，缺乏有效培训，不具备废纸分拣的专业素质，大大降低了废纸分拣率。而废纸的分拣对废纸再生质量有很大的影响，劣质废纸会降低优质废纸的使用价值，进而降低废纸整体质量。

废纸的回收利用可以减少树木砍伐、有利于林地保护和水土保持，可以减少化学原料的使用与排放、减少污染，节约能源和水资源，节约其他各种原材料的消耗，节约运输成本、降低生产成本。废纸回收还有利于减少垃圾的处理，有利于对人们进行资源可持续利用的思想再教育，有利于可持续发展战略思想的宣传。此外，纸制品与塑料相比，纸制品易成型、用途广泛，易腐烂、不会造成白色污染，回收更加方便，还可为社会增加资源。因此应充分意识到资源的节约无处不在，更应该深刻地意识到废旧纸物尽其用的重要性，从而形成良好的废旧纸回收分拣意识，为环保事业做贡献。

纸张的来源及用途见图4-12。

图4-12　纸张的来源及用途

4.3.2　废塑料再利用

随着塑料工业的兴起，人类进入了塑料使用时代。由于塑料具有质轻、化学稳定性好、电绝缘性好，以及防护性强、透光、减震、消音等优点，成了家电、电子、汽车、船舶制造、建筑、包装等行业不可缺少的材料。但随着塑料制品消费量的不断增大，废塑料也在不断增多。当今废旧塑料已对人类的生存环境造成了严重的污染和危害，塑料来源于石油，石油资源是有限且不可再生的。近年来，石油的有效开采储量迅速下降，价格上升，因而塑料再生利用成为解决我国石油资源短缺的重大战略问题。来源广泛、价格低廉的再生塑料还可以解决塑料原料紧缺的问题，为避免塑料废弃物污染环境，同时提取其中有价值的资源，对废旧塑料（见图4-13）进

图 4-13　可回收塑料垃圾

行资源化利用势在必行。

目前国内外废旧塑料的综合利用主要有 8 个途径。

（1）生产防水抗冻胶

以发泡塑料废弃物为基料，在特殊配方和工艺条件下生产多品种、多用途室内外建筑装修耐水胶膏、胶液系列产品，是一项投资少、见效快、有竞争力、能有效消除塑料污染的理想项目。

（2）制取芳香族化合物

日本正在进行以废塑料为原料制取化工原料新技术的实验化研制开发，其方法是把 PE、PP 等废塑料加热到 300℃，使之分解为碳水化合物，然后加入催化剂，即可合成苯、甲苯和二甲苯等芳香族化合物。在 525℃的温度下反应时，废旧塑料的 70％能够转换为有用的芳香族物质，这些物质可做化工品和医药品的原料及汽油用燃料改进剂等，用途极广，其余成分可以转换为氢和丙烷。

（3）制备多功能树脂胶

该产品具有附着力好、光泽度高、抗冲击性强、耐酸碱等特点，工业上用于生产各种玻璃钢制品，能大大降低生产成本，另外，还可制作防水涂料、防锈漆、家具腻子胶等产品，可替代各种玻璃胶、木材胶、印刷胶使用。

（4）铝塑自动分离剂

铝塑复合包装广泛应用于食品、制药等包装。随着社会进步，废弃物逐年增加，由于铝塑复合在一起，难以分离，只能进行焚烧，既污染环境又浪费资源。采用铝塑自动分离剂，把废铝塑包装放入容器内，加入水和自动分离剂，铝塑包装会在 20min 左右将铝塑完全分离，每吨废铝塑包装可分离出 0.75t 再生塑料和 0.1t 废铝。

（5）防火装饰板

广泛用于室内装饰、吊顶、家具制造等。该产品不仅外观艳丽多彩，而且具有防火、防水、防腐、绝缘、不变形、不老化、可任意卷曲等特点。

（6）再生颗粒

运用专用造粒设备，可将废旧聚乙烯、聚丙烯等塑料通过破碎—清洗—加热塑化—挤压成型工艺，加工生产出市场畅销的再生颗粒。

（7）生产克漏王

它是传统防水材料的升级换代产品，用在房屋表面，就像涂刷一层玻璃钠，封闭快、渗透性极强，具有干燥迅速、塑化快、流平性能好、附着力强、耐酸碱等特点，使用寿命可达 20 年以上。而且施工方便，一年四季均可施工，不需加热，一涂即成。

（8）生产塑料编织袋

山东枣庄市山亭区桑村镇利用废弃的白色塑料制品，加工、生产塑料编织袋，既解决了环境污染问题，又增加了农民收入。目前，全镇已建立塑料颗粒加工厂201家，塑料编织袋厂23家，日产编织袋5亿条，形成了废旧塑料的收购、运输、加工及印刷一条龙，成为全镇农民发财致富的支柱产业。

21 世纪乃至未来，环境保护和废弃资源的再生利用水平都是衡量一个国家科学技术水平的重要标志之一。塑料业发展越快，回收利用问题就越重要，因此积极开展国内废料的管理和回收利用是非常必要的，但在此过程中，需要面对的不仅仅是技术上的问题，更多的是人们环境保护知识的淡薄和环境管理的不完善。希望在全社会消灭"白色污染"的呼声下，能不断提高人们环境保护的意识，从而使越来越多的废弃物资走上再生利用的道路。

4.3.3 垃圾清洁利用

变废为宝为大家，造福城市你我他。

垃圾的清洁利用是垃圾分类之后的处理，是治理生活垃圾污染的根本途径和发展循环经济的前提条件。在垃圾清洁处理利用过程中，可将其中的可燃烧成分进行焚烧发电，可将容易降解的有机物进行堆肥处理。

具体回收利用的方法包括：

（1）垃圾焚烧发电

垃圾焚烧发电是指利用焚烧炉对生活垃圾中可燃物质进行焚烧处理，垃圾中的大量有害物质可以在高温焚烧后，达到无害化、减量化的目的，同时垃圾焚烧产生的热能可以用于居民生活中的供电、供暖。同时，垃圾燃烧后的惰性残渣可以作为二次建材加以利用。

（2）水泥窑与垃圾焚烧厂联合处理

水泥窑与垃圾焚烧厂联合处理指的是在水泥回转窑旁设置垃圾焚烧炉，由水泥窑和焚烧炉联合处理生活垃圾。这种技术可以全部利用垃圾热能和灰渣，污染物排放低，不需要二次处理，投资小、费用低。

（3）可回收物处理后作为材料再利用

可回收物是指那些本身或材料可再次利用的垃圾，包括：纸类、硬纸板、玻璃、塑料等。它的处理较为简单，只需将可回收物进行一些简单的处理便可再次作为材料使用。垃圾回收及利用管理主要是对分类后的垃圾采取不同方式处理，并对处理后的垃圾进行监督与安全检测，记录不同垃圾的回收利用途径。针对垃圾处理热潮，各地区分别采取不同的垃圾处理模式。例如，杭州市对垃圾处理采取清洁直运的城市管理模式，全面实现"垃圾不落地，垃圾不外露，沿途不渗漏"，新小区不再新建中转站，老小区中转站全面提升改造等目标。

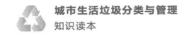
4.4 城市生活垃圾资源化处理技术

4.4.1 资源化技术

据统计，2017年我国城市生活垃圾无害化率达到97.74%，并以填埋、焚烧和堆肥处理方式为主。

三种处理方式具备各自的优缺点和适用条件。

（1）填埋

填埋是我国现阶段城市生活垃圾处理的主要方式，并且在相当长时间内仍将占据主导地位。卫生填埋是在传统的堆放、填埋的基础上，采用底层防渗，垃圾分层填埋、压实，顶层覆盖土层等技术，使垃圾厌氧发酵，产生的沼气回收利用。以鞍山市卫生填埋场运行实际效果来看，垃圾通过填埋，场地占用面积大，渗滤液处理费用大，易造成二次污染，处理后的废水难以达到排放标准。产生的沼气被利用，但经济效益较低，资源化效果不明显。

（2）焚烧

我国生活垃圾焚烧技术的研究和应用起步较晚，但其巨大的市场潜力已经成为我国城市垃圾处理技术的新热点。焚烧技术在欧洲、日本、新加坡等发达国家和地区被广泛应用。焚烧处理可以使垃圾实现减量化、无害化、资源化，而且其资源化效果明显。联邦德国全年能源供给量的4%～5%来源于垃圾焚烧，可节约该国2.5%的石油和煤，荷兰阿姆斯特丹市的垃圾焚烧发电为该市用电的5%。国家"十二五"规划也明确提出了大力推广生活垃圾焚烧处理。因此，垃圾焚烧对于资源节约、缓解能源紧张具有重大现实意义。

（3）堆肥

堆肥方法是我国处理城市生活垃圾最早使用的方式。但由于混合收集的城市生活垃圾成分复杂、不易降解的物质含量多，造成堆肥产品的质量难以保证，严重污染土地、危害健康，堆肥产品面临尴尬的局面，我国城市垃圾堆肥处理技术处于相对萎缩的状态。由于垃圾堆肥法处理量小，适用性较低，垃圾资源化程度低等局限性也成为影响其推广的重要原因之一。堆肥作为传统的垃圾处理方式，以每亩土地施加堆肥肥料 5t 改良土壤计算，改良前后的农作物经济收入平均每亩年净增 270 元。局部地区小范围采用堆肥处理，仍具有不可比拟的优越性。

4.4.2 资源化处理存在的问题

（1）资源化观念弱

由于传统的大量生产、大量消费、大量排弃的发展模式的影响，我国政府及公众对垃圾所产生的环境污染未引起足够的重视，对垃圾资源化的认识不足，观念落后，且局限于对产生的垃圾进行末端处理，尚未将垃圾视为资源，未形成自下而上、全民性、联动的垃圾资源化氛围。

（2）资源化难度大

城市生活垃圾采用混合收集，定点收集，收集后运至中转站，再转运至处理场的方式处理。在垃圾收集处理过程中，未对垃圾实施有效分类，只有少数居民和拾荒者在垃圾产生源头，会对部分有价值的垃圾进行筛选，形成了个人利益驱动的畸形回收链条，其余垃圾都以混合收集、混合收运、混合处理方式处理，大部分有价值的资源没有被合理再利用。模糊的垃圾分类回收处理现状，增大了资源化难度。

（3）资源化水平低

对垃圾的资源化处理主要有填埋、堆肥、焚烧三种方式。由于各种方式都有其适应条件和局限性，严重影响了垃圾资源化水平。与此同时，由于管理体制不健全，监管缺失，资金缺乏等原因，垃圾处理产业化进程缓慢，技术发展遭遇瓶颈。技术上的局限，降低了垃圾资源化水平，其处理效果也不理想，甚至妨碍了垃圾减量化、无害化的发展。

4.4.3 对策建议

（1）树立垃圾是资源的观念

政府应制定相应的法律、政策，将垃圾资源化放在垃圾处理工作的重点，引导和推进垃圾资源化发展，加快垃圾处理行业的产业化、市场化，提高环境保护意识，提高公众参与度；应树立垃圾是资源的观念，积极参与到垃圾资源化进程之中，让"变废为宝"成为公众的自觉意识。只有全民的认可和参与，才能推动垃圾的资源化，从而提高垃圾的可再生利用率，实现资源的良性循环利用。

（2）建立垃圾分类回收体系

垃圾分类收集是实现垃圾资源化的有效途径，也是实现垃圾资源化的必要前提，每项垃圾处理技术只有在垃圾分类的前提下，才会实现资源化最大效果。实施有效的垃圾分类，构筑高效实用的垃圾分类回收体系是解决垃圾围城问题的具体举措，是城市化发展亟待解决的问题，也是实现垃圾减量化、资源化可再生利用的关键。

① 推行"定时定点"投放管理。

具体措施包括：强化垃圾分类源头产品生产流通环节指导与管理。规范家庭用垃圾分类收集容器，从源头开展干垃圾、湿垃圾分类。商场、超市等售卖符合本市标准的垃圾容器和垃圾袋，推进居民家庭按照"一严禁、两分类、三鼓励"实行垃圾分类。严禁将有害垃圾混入其他各类生活垃圾。居民做好日常干垃圾、湿垃圾分类工作。鼓励居民将可回收物通过售卖方式纳入再生资源回收利用体系。

落实公共场所和居住区分类容器和垃圾箱房改造，推行"定时定点"投放和绿色账户规范管理。建立各方责任明确的居民区垃圾分类综合治理机制。全面落实以党政机关为示范引领的单位生活垃圾强制分类。

② 坚决杜绝"混装混运"，畅通垃圾全程分类渠道。

落实定点以桶换桶、驳运后定点收运、箱房分类直运等模式，明确属地政府、物业或业主自治组织等方面责任，配置分类收运装备。

③ 发展垃圾综合处理技术。

在采用卫生填埋、焚烧、堆肥等处理的同时，应坚持因地制宜、技术可行、适度规模、资源利用和综合治理的原则，采用填埋、堆肥、焚烧、分选回收等两种或多种方法相结合的方式去处理城市生活垃圾，从而避免和降低因处理不当对环境造成的二次污染和资源的浪费，达到资源充分利用和无害化处理城市生活垃圾的目的，取得最大的环境效益和经济效益。

④ 加快推进垃圾分类立法。

加快末端处理设施建设，提升垃圾分类处置能力。

具体措施包括：提高湿垃圾资源化利用能力，落实属地责任，区级湿垃圾设施建设成效将列入属地行政绩效考核体系，落实项目建设领导负责制，提升干垃圾无害化处置水平。强化政策标准引导，建成全程分类信息系统，包括：利用物联网、互联网等技术，建立市、区、街镇三级生活垃圾全程分类监管系统；建立促进分类实效的政策制度，对率先实现整区域年度达标目标的，给予扶持政策，对达到年度目标的给予持续性鼓励；健全生活垃圾分类全程标准体系。

加快推进分类立法，形成垃圾分类法治保障。建立多部门协同执法机制，组织开展对全程分类的执法检查，强化监督管理机制。

建立完善市、区、街镇各级生活垃圾分类减量联席会议及村（居）委生活垃圾综合管理协调机制，并有效运行，将垃圾分类纳入政府绩效管理的重要指标，并作为企业诚信管理的重要内容。

第5章

城市生活垃圾管理

5.1 政府加强管理力度

完善管理体系，制订完整的循环系统，根据不同地区的现实情况设计合理的垃圾可循环处理方案。

5.1.1 完善垃圾管理体系

城市生活垃圾分类管理部门是城市生活垃圾分类能否有效推进的关键环节，垃圾分类管理能否得到深入开展，城市生活垃圾分类管理队伍负责人对市民的教育是关键因素。垃圾分类涉及的知识面广，知识点较细而且容易混淆，对市民的自觉性要求较高，同时也对城市生活垃圾分类管理队伍负责人的相关知识储备和开展方法提出了更高的要求。因此城市生活垃圾分类管理层自身首先要有垃圾分类意识和习惯，国家应开展对城市管理层的相关培训，完善其知识体系，加强城市生活垃圾分类管理队伍的建设，从而更好地开展垃圾分类工作。

首先，城市的生活垃圾分类管理部门制定相应的目标，城市生活垃圾分类管理队伍也要有自己的目标，如创建垃圾分类管理示范城市等。其次，城市、各街区、各居住区负责人要加强联系，与市民多沟通交流，环环相扣，形成一个完整的生活垃圾分类管理体系。

试想你会在一个人人都做到垃圾分类的环境下，乱扔垃圾吗？这就要求市民必须处理好个人和集体之间的关系，注意相互间的协作，必要时为了集体利益要牺牲个人利益。这种来自外部环境的压力和自身发展的需要都要求市民处理好个人和集体的关系，以建成一种友好互助的群体氛围。反过来，一个充满理想、团结友好的集体会使市民亲身感受到集体的温暖，体会到集体力量的重要，从而树立个人要服从集体、严以律己的集体主义思想观念。

城市生活垃圾管理体系见图 5-1。

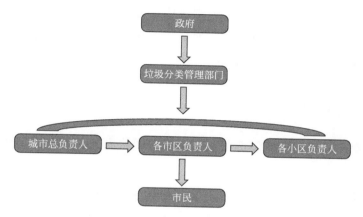

图 5-1　城市生活垃圾管理体系

知识总有老化的时候。只有不断地对生活垃圾分类管理队伍进行培训"充电"，才能保证其在开展活动中能够游刃有余。生活垃圾分类管理者培训既是城市发展的需要，也是管理者继续学习的需要，这有利于调动城市生活垃圾分类管理队伍的积极性。

除此之外，还应完善先进的生活垃圾分类工作绩效评估体系。对各个城市生活垃圾分类工作情况的考核、评估是城市建设中不可缺少的一环，只有赏罚分明，做到公平、公正、公开，才能激励先进，鞭策后进。

最重要的，可以充分展现当代公民的综合素质。多彩的城市文化适应群众精神需求的多样化、个性化的特点，从而激发他们的自主性、自尊心和自豪感，树立一个真实、完整、积极的自我意象，形成积极向上的生活态度。

5.1.2　制定相关法律法规

为深入贯彻党的会议精神，全面落实关于垃圾分类工作的重要指示精

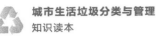
神，住房城乡建设部印发《关于加快推进部分重点城市生活垃圾分类工作的通知》，加快推进北京、天津、上海等 46 个重点城市生活垃圾分类工作。

上海市十五届人大二次会议表决通过了《上海市生活垃圾管理条例》。该条例将于 2019 年 7 月 1 日起施行。由此，上海市成了我国第一个将城市生活垃圾分类写入法律的城市。随后各地相继出台城市垃圾分类相关法律条例。

城市生活垃圾分类正式进入强制时代。将城市生活垃圾分类写入法律只是在万里长征路上迈出的第一步，如何建立起完善的城市垃圾分类法律体系还需要政府及其相关人员慢慢探索。

5.1.3 规定生产者责任制

生产者在包装上标明该产品被消费后的回收方式，相关部门明确规定各产品的回收属性，出台相应的文献，各生产厂家设立产品分类的部门，规定与检测产品的回收类型，生产者不仅在产品的生产过程之中，而且还要延伸到产品的整个使用过程中，尤其是最后产品的回收与利用。

5.1.4 建立垃圾管理制度

城市制定相关垃圾管理的制度，并由特定的干部进行监督，定期汇报工作完成情况。自下而上，贯彻垃圾分类管理精神，为增强城市文化建设增砖添瓦。

城市垃圾相关制度建设，主要以市民日常行为规范和城市的相关制度为依据，同时根据本城市实际情况，体现城市特色。城市文化制度建设是形成良好风气的必要条件，要十分重视。可根据实际情况制定以下制度，以小区及集团为单位，不定时对小区及集团的垃圾分类情况进行检查，对不按制度要求走的单位进行处罚。

先哲朱熹认为"论先后，知为先，论轻重，行为重"，可见知与行是不可分的。制定城市的管理制度，让市民知道自己应做什么、应怎样做。俗话说得好："国有国法，通过制定管理制度，引导市民，让市民逐渐由'他律'发展为'自律'"。这不仅有利于提高城市管理效率，更重要的是有利于培养公民的自主化管理能力，让其终身受益。

5.2 增强市民分类理念

目前，我国城市居民垃圾分类意识有所欠缺，这是垃圾分类问题迟迟得不到解决的重要原因。如果每个市民都能按照规定的分类要求对垃圾进行分类，将会大大节约垃圾分类中所需消耗的人力、物力及财力。

城市作为国家发展最快的居民聚集地，不仅要高速发展经济，更要培养有责任和环境保护意识的高素质公民。城市管理部门应与时俱进，敢于创新，不断完善城市素质教育。为响应十九大报告提出的"创新、开放、绿色、协调、共享"的发展理念，将垃圾分类管理教育推向城市所有角落，通过教育，引导市民树立正确的垃圾管理意识，养成良好的生活习惯和行为习惯。

5.2.1 发放纸质材料

纸质材料仍是信息传播的主要媒介，它具有快速直接、内容丰富、覆盖面广和可信度高的特点。小贴士以多彩的颜色、多样的形状呈现，贴纸上印有垃圾分类小知识，风趣可爱的小贴士可以吸引城市居民的注意力，便于学习到其中的知识。可以做成特色标牌贴在城市文化墙、垃圾桶附近，随时随地提醒市民进行垃圾分类，还可以邀请热爱美术或者书法的市民创作作品，在特定的城市文化中心展览，提高大家的自信心和积极性，形成一种城市文化，使更多的市民加入垃圾分类的队伍中来。

垃圾分类小贴士牌如图 5-2 所示。

5.2.2 开展知识竞赛

通过前期对垃圾分类知识的学习，市民对垃圾分类知识有了一定的积累后，举办垃圾分类知识竞赛，使垃圾分类知识得到进一步普及，提高关注度和宣传效果。

另外，开展知识竞赛有利于广大市民丰富垃圾分类知识，强化垃圾分类

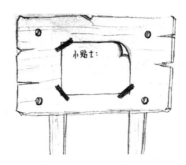

图 5-2　垃圾分类小贴士牌

意识。参赛者应以比赛为契机，不断提升自己的理论修养，更深刻地认识到垃圾分类的重要性。

　　竞赛分两个阶段进行。初赛以网上竞答的形式，参赛者自备电脑或其他设备在线答题，选取成绩优异者入围复赛。复赛采取集中竞赛形式，题目形式多样，包括现场绘制基本垃圾分类标识，现场模拟不同垃圾投放情景以及答辩等。竞赛形式应灵活、有效，能够切实考查市民们的垃圾分类知识掌握情况，将理论知识转化为实际行动，为打造美丽城市打下坚实基础。垃圾分类知识竞赛见图 5-3。

图 5-3　垃圾分类知识竞赛

5.2.3　垃圾分类宣传大使评选

　　一件商品，为了提高知名度，会聘请品牌代言人，同样地，为了传播垃级分类管理知识，可以在城市举办宣传大使评选比赛。比赛报名期间，在城市设点宣传，增设宣传单和条幅，新颖的比赛模式会吸引有想法、想要当一次"明星"的市民踊跃参加。参赛者每组设两名选手，男女不限，初赛以上交宣传照的形式，复赛可指定情景小组拍摄照片，决赛要综合参考选手外貌气质以及切合主题的宣传照，并由市民在网上投票，人气最高的选手获胜。宣传照将用于文化墙等。垃圾分类宣传大使见图 5-4。

图 5-4　垃圾分类宣传大使

每组可设 2～5 名参赛选手，男女不限。

（1）初赛比赛形式

首先进行简短的自我介绍，该环节考验的是语言表达能力、亲和力和感染力，并且对礼仪知识具有一定的要求。然后是团队走秀，这一环节要展现团队独特的风格，考验的是创新度、舞台表现力和临场应变能力。两个环节权重各为 50％，总分 100 分，最终根据评委的打分，取成绩最好的 15 组选手参加复赛。

（2）复赛比赛形式

拟定 7 组拍摄情景，由各小组随机抽取。复赛作品必须密切围绕所选情景，发挥自己的想象力，适当扩大情景范围，可利用拍照软件进行合理修图，定期提交，并由专业老师依据是否切题、整体效果等标准，选取 3 组作品完成最好的团队进入决赛。

（3）决赛比赛形式

拍摄主题为"城市垃圾分类宣传"的宣传照，邀请专业摄影师现场指导。

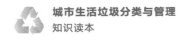

5.2.4 垃圾分类宣传片拍摄

宣传片能够全面地向大众传播活动信息，更好地诠释活动理念。宣传片可以以动画的形式呈现，设计一个贯穿前后的动画形象作为主人公，引导大家了解垃圾分类，通过艺术手段打造动漫人物作为宣传片的主人公，如图5-5、图5-6所示。由它为大家演示正确的垃圾投放方法并附上小贴士，以加深观众印象。也可以邀请城市评选出来的垃圾分类宣传大使参与宣传片的拍摄，以"今天的垃圾你分类了吗？"为主线，演绎一名市民由初次接受垃圾分类教育到能够自觉进行正确的垃圾分类，并且影响、带动身边的人一起加入这支绿色城市队伍中来的成长故事。

图 5-5　卫生纸男孩

图 5-6　牛奶盒姑娘

制作过程中，应注意色彩的搭配及背景音乐的设置，让音乐能够带动观看者进入宣传片所营造的氛围，使整体画面协调美观，具有视觉冲击力。

5.3 垃圾分类宣传新形式

垃圾分类已经提出了很多年，但由于宣传力度不够导致进度过于缓慢。习主席高度重视垃圾分类的问题，他指出推行垃圾分类，要开展广泛的宣传活动，让广大市民充分认识到实行垃圾分类的重要性，以及如何进行垃圾分类，争取做到无人不知，无人不晓。因此，在传统宣传的基础上，加以改进与创新，为垃圾分类宣传提供了新的思路。

5.3.1 利用网络平台

新媒体是继报刊、广播、电视等传统媒体之后发展起来的媒体形态，包括网络媒体、移动端媒体等，具有信息扩散速度快、传播范围广、形式丰富、互动性强等独特优势。垃圾分类宣传工作应建立互动思维，充分利用新媒体的互动性。在新媒体环境下，人人都可能成为传播信息的渠道，成为意见表达的主体。信息传播呈现出全民化的局面。特别是在互联网普及之后，新媒体与传统媒体逐渐融合，新媒体的互动性得到最大效力的发挥，传播者与受众之间不再泾渭分明，而是彼此包含。因此，在进行思想宣传工作的时候，不应该再采取那种单向的、线性的宣传方式，而是在利用新媒体平台的基础上，充分与平台用户进行互动。城市生活垃圾分类公益广告见图 5-7。

图 5-7　城市生活垃圾分类公益广告

可以用来宣传的平台有很多，如：QQ 看点、微信公众号、微博、短信等。通过定期推出关于"垃圾分类"的宣传资料来普及基本知识。宣传材料可采用市民们感兴趣的漫画和视频等形式，利用"万能的朋友圈"扩散平台所发布的信息，在短时间内获得浏览及转发量。

5.3.2 基础设施的创新

在公共场所和主干道边同一位置设置不同类型垃圾桶，垃圾入口可根据

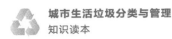
不同垃圾形状设计（见图5-8），如回收易拉罐等瓶装垃圾的垃圾桶入口可为圆形，大小与一般饮料瓶相似，特大号塑料瓶等可打开垃圾桶上方盖投入；回收纸张等的为条形状，这样可一定程度地避免垃圾分类错误。

图 5-8　特色垃圾桶

5.3.3　垃圾分类表情包设计大赛

基于日常的网络社交，表情包逐渐成为人们聊天必不可少的工具，它代表的是一种网络文化，是互联网时代的特点和表象，它能够很好地表达出说话者的本意和所处的状态，比文字更生动形象，给人们的社交生活带来趣味。利用这一流行物，组织垃圾表情包设计活动，可以更好地宣传垃圾分类，表情包的流传就是垃圾分类知识的传播。垃圾分类表情包见图5-9。

图 5-9　垃圾分类表情包

小贴士

创意生活，变废为宝。

设计者应围绕垃圾分类这一主题并结合自身喜好、日常话题等进行改编创作，根据受众群体定位表情包形象，造型创造应符合当代审美，整体形象要有活力。

表情主要用来表达感情、传递情绪，表现此时自己内心的想法，所以立意设计是关键，围绕确定的主题，以头脑风暴形式列出你想表达的各种词汇再进行筛选。

表情包制作可使用的软件有 AI、PS 等，表情图片大小及规范可参照微信表情平台设计规则，这里简单介绍 PS 的设计方法。首先，把草图拍照或者扫描导入 PS，用钢笔描线并上色，再将每个图层对应一幅画，也就是对应一个动作，通过 PS 时间轴调节动画时间，循环模式选永远，最后存储为 Web 所用格式，导出 gif 文件即可。AI、PS 标识见图 5-10。

图 5-10　AI、PS 标识

第6章

无废城市建设与国外城市生活垃圾处理典型案例

6.1 "无废城市"基本概念解析

6.1.1 "无废城市"提出背景

党的十八大以来，党中央、国务院深入实施大气、水、土壤污染防治行动计划，把禁止洋垃圾入境作为生态文明建设标志性举措，持续推进固体废物进口管理制度改革，加快垃圾处理设施建设，实施生活垃圾分类制度，固体废物管理工作迈出坚实步伐。同时，我国固体废物产生强度高、利用不充分，非法转移倾倒事件仍处呈高发频发态势，既污染环境，又浪费资源，与人民日益增长的优美生态环境需要还有较大差距。开展"无废城市"建设试点是深入落实党中央、国务院决策部署的具体行动，是从城市整体层面深化固体废物综合管理改革和推动"无废社会"建设的有力抓手，是提升生态文明、建设美丽中国的重要举措。

6.1.2 "无废城市"提出意义

"无废城市"是以创新、协调、绿色、开放、共享的新发展理念为引领，通过推动形成绿色发展方式和生活方式，持续推进固体废物源头减量和资源化利用,最大限度减少填埋量,将固体废物环境影响降至最低的城市发展模式。"无废城市"并不是没有固体废物产生,也不意味着固体废物能完全资源化利用,而是一种先进的城市管理理念,旨在最终实现整个城市固体废物产生量最小、资源化利用充分、处置安全的目标,需要长期探索与实践。现阶段,要通过"无废城市"建设试点,统筹经济社会发展中的固体废物管理,大力推进源头减量、资源化利用和无害化处置,坚决遏制非法转移倾倒,探索建立量化指标体系,系统总结试点经验,形成可复制、可推广的建设模式。

"无废城市"旨在系统构建"无废城市"建设指标体系,探索建立"无废城市"建设综合管理制度和技术体系。试点城市在固体废物重点领域和关键环节取得明显进展,大宗工业固体废物贮存处置总量趋零增长,主要农业废弃物全量利用,生活垃圾减量化资源化水平全面提升,危险废物全面安全管控,非法转移倾倒固体废物事件零发生,培育一批固体废物资源化利用骨干企业。通过在试点城市深化固体废物综合管理改革,总结试点经验做法,形成一批可复制、可推广的"无废城市"建设示范模式,为推动建设"无废社会"奠定良好基础。

6.2 "桑基鱼塘"对无废城市建设的借鉴意义

据史料记载,珠三角早在汉代已有种桑、饲蚕、丝织的活动。这也是桑基鱼塘的前身,桑基鱼塘是池中养鱼、池埂种桑的一种综合养鱼方式。从种桑开始,通过养蚕而结束于养鱼的生产循环,构成了桑、蚕、鱼三者之间密切的关系,形成池埂种桑、桑叶养蚕、蚕茧缫、蚕沙、蚕蛹、缫丝废水养鱼、鱼粪等泥肥肥桑的比较完整的能量流系统。在这个系统里,蚕丝为中间产品,不再进入物质循环。鲜鱼才是终极产品,提供人们食用。系统中任何一个生产环节的好坏,也必将影响到其他生产环节。珠三角有句渔谚说"桑茂、蚕壮、鱼肥大,塘肥、基好、蚕茧多",充分说明了桑基鱼塘循环生产过程中各环节之间的联系。桑基鱼塘循环示意见图 6-1。

桑基鱼塘的发展,既促进了种桑、养蚕及养鱼事业的发展,又带动了缫丝等加工工业的前进,已然发展成一种完整的、科学化的人工生态系统。桑基鱼塘形成一种良性的生态循环。它最大限度地减少了资源的浪费,实现了

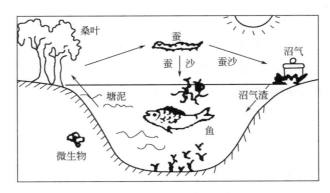

图 6-1　桑基鱼塘循环示意图

资源最大限度地回收。

我们可以借鉴"桑基鱼塘"的建设方式，打造一条适用于固体废弃物的良性生态循环系统。以厨余垃圾为例：

厨余垃圾是城市垃圾的重要组成部分，约占城市垃圾总量的 30％～60％。目前，国内的厨余垃圾主要以填埋、焚烧处理为主，但是随着厨余垃圾产量的不断增加，寻找新的填埋场地越来越困难，而采用焚烧法处理厨余垃圾又存在投资大、尾气排放受限等问题，难以广泛应用。因此为了解决所述问题，需要找到一种生活厨余垃圾的处理方法。以垃圾示范先行城市上海为例，上海探索出一种新的厨余垃圾的解决方法——发酵。

对比传统的厨余垃圾的处理方法，将厨余垃圾转变为有机肥料，将有机肥料用于耕地或者小区的土壤中，不仅减弱了化学肥料的危害性，节约了空间及大量能源，而且一旦这种方法推广普及，厨余垃圾可以不出小区大门就能开启"资源化"转型。厨余垃圾循环链见图 6-2。

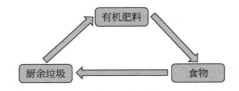

图 6-2　厨余垃圾循环链

6.3 国外城市生活垃圾资源化优秀案例

面对日益增长的垃圾产量和环境状况恶化的局面，如何通过垃圾分类管理，最大限度地实现垃圾资源利用，减少垃圾处置量，改善生存环境质量，是当前世界各国共同关注的迫切问题之一。

当前处理垃圾的国际潮流是"综合性废物管理"，就是动员全体民众参与"3R"行动，把垃圾的产生量降低。"3R"的行动口号是：减少浪费（Reduce）、物尽其用（Reuse）、回收利用（Recycle）。当全社会的消费者都这样做时，生活垃圾的总量和城市处理垃圾的负担就会降低，垃圾填埋场的使用寿命就会延长，由此节约土地，降低垃圾污染的威胁。

发达国家城市生活垃圾处理技术已有几十年的发展历史，生活垃圾处理方式也随着处理技术和经济的发展而变化。下面主要介绍德国、新加坡、保加利亚以及匈牙利等几个国家的垃圾收集处理案例。

6.3.1 德国：习惯成自然，自主进行垃圾分类

德国是欧洲垃圾分类回收体系比较完善的国家之一。目前，德国垃圾分类主要靠居民自觉，原则上并没有对垃圾分类执行不力的处罚措施。不过，住宅楼的物业公司、负责回收垃圾的相关环境部门都会对居民垃圾分类予以监督和指导。在笔者所居住的公寓楼内，曾经发生过有人将未折叠拆解的大型纸质包装箱放在垃圾房地面上的情况。物业管理员就在垃圾房门口张贴了一张带有照片的告示，敦促事主尽快将垃圾按规定处理，否则环卫部门就有权利拒收本楼的垃圾。由于拒收垃圾将会影响本楼其他住户的正常生活，当事人"压力山大"，很快就按要求把垃圾处理好了。

对于可回收塑料瓶，德国的处理颇具特色。从超市买回来的大部分饮料、矿泉水等带有塑料瓶包装的产品都已包含了 0.25 欧元的"塑料瓶押金"。使用过后把带有可回收标志的塑料瓶投入回收机，会得到一张带有金额的凭证，可用作代金券在超市内继续消费或在收银台申请退款。这个看似不起眼的做法，却让塑料瓶回收和再利用得到了普及，有效提高了有害垃圾的回收利用率。"塑料瓶押金"基本流程见图 6-3。

6.3.2 新加坡：从头开始，分类为先

居民把可回收物投入桶中后，持有执照的收集公司会来收集并加工处

图 6-3 "塑料瓶押金"基本流程

理,实现废弃资源再循环使用。不过,垃圾分类的执行却并不严格。一般情况下,在新加坡街上看到的垃圾桶,垃圾无须分类都能投进去。

新加坡政府在提倡垃圾分类投放的同时,为了不给居民因垃圾分类过细增加相应负担,注重减少垃圾产生的源头,如减少过度包装等,并在垃圾无害化处理和再回收利用上下功夫。据统计,新加坡有 560 多万人口,每人每天产生近 1kg 垃圾,这些垃圾近 60% 被回收循环利用。其中,不可回收的垃圾会送往垃圾焚化厂焚烧,垃圾经焚烧后体积一般会减少 90%,再将其运输到实马高岛(见图 6-4)做无害化填埋处理;剩余的可回收物,会运送到垃圾处理厂由专门机器和部分人工分拣,将其中的塑料、玻璃、金属等分离,用于销售或二次加工。

图 6-4 实马高岛

新加坡以"零垃圾国家"为目标。在减少垃圾方面,政府在号召居民绿色环保生活的同时,致力于减少约占生活垃圾总量 1/3 的包装垃圾。新加坡政府、工业企业和非政府组织于 2007 年联合发起签署了"自愿包装协议"。

根据协议，签署协议的公司，包括产品制造商、零售商、批发商等，要自发制定减少包装数量的标准。根据计算，从第一份协议签署至今，已减少包装生活垃圾数万吨，政府节约了数亿元新币支出。

为了保持"花园城市"形象，新加坡政府对乱扔垃圾的行为教育与严惩双管齐下。一旦有人违反了新加坡环境公共卫生法令，就会被罚款。乱扔垃圾，会被处以高额罚款。对于乱扔垃圾行为严重者和"垃圾虫"（屡教不改者），除了予以高额罚款外，还会接到劳改令，被穿上鲜艳的"粉红色配黄色背心"在公众场所打扫卫生，接受"劳改"。

6.3.3 保加利亚：垃圾分类，从娃娃抓起

在保加利亚，不遵守垃圾分类原则，会被直接罚款。例如，将可回收物扔到混合生活垃圾箱中，通常罚款 10～50 列弗（1 欧元约合 1.95 列弗）；对于造成较为严重后果的，罚款额为 150～500 列弗；对于那些屡教不改者，罚款额则为造成严重后果罚款最高额的两倍。

不过，罚款只是垃圾分类工作的辅助手段，让民众拥有严格自觉的垃圾分类意识才是解决问题的关键。为了培养居民垃圾分类的习惯，保加利亚从娃娃抓起，从小培养孩子们的环保意识。

2018 年，保加利亚首都索非亚建成并投产使用的一处现代化垃圾处理中心，专门建有儿童互动教育中心，用于培养孩子的垃圾分类意识。300m² 的互动教育中心分为三个区域：第一个区域是电影放映区，主要用于宣传保护环境和包装废物的分类知识，参观者甚至可以了解到从古代到现在有组织的废弃物收集系统历史；第二个区域是培养儿童环保意识区，主要让儿童学习如何区分并将塑料、纸张、玻璃和金属等放入不同颜色的回收箱中；第三个区域则是绿色地球主题区，每个参观者都可以留下自己对保护环境和绿色世界的畅想和建议。

据保加利亚教育科学部提供的信息，2018 年，有近 23000 名学生参加了与环境教育和健康生活方式相关的兴趣活动。索非亚市市长凡德科娃说，儿童是城市实施绿色政策的大使，要让儿童从小就明白，废弃包装物也能变成宝贵的资源。

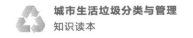

6.3.4 匈牙利：将垃圾分类做到精致

在匈牙利首都布达佩斯，垃圾分类2013年才开始实行，但几年下来，垃圾分类已经成了居民们的习惯。笔者刚到布达佩斯工作时，就被房东告知一定要认真学习垃圾如何分类，因为扔错垃圾，会被邻居鄙视为素质不高。

绿色箱装生活垃圾、蓝色箱装纸质垃圾、黄色箱装塑料和家用金属废物，匈牙利的垃圾大致分为以上几类。具体操作起来，可没看上去这么简单。

例如，被油浸了的比萨饼盒得撕开扔，有油渍的部分归为生活垃圾，剩余部分则是纸质垃圾；喝完的纸质牛奶盒，塑料瓶盖要拧下来放在塑料垃圾里，牛奶盒得拿水把里面冲刷干净后才放进纸质垃圾。

在匈牙利生活久了，慢慢就养成了精致的垃圾分类习惯。矿泉水瓶、啤酒罐要压扁；洗发水瓶要拿水冲刷得干干净净；书本报纸不能用塑料胶带捆扎，得用纸绳；过期药得送到药房回收和处理；泡沫板、CD碟片、录像带不属于塑料垃圾，要单独处理；灯管、灯泡、电池等，要交到专门的垃圾收集站等。

还有一类垃圾需要专门处理——园林垃圾。秋冬季行驶在街头的树木粉碎车，将修剪或被风吹断的大段树枝甚至树身收集起来，打碎成只有几厘米大小的碎屑。笔者好奇地请教了小区物业，才知道匈牙利对园林垃圾有很严格的处理标准。庭院或小区中剪下的草、树枝树叶等，必须购买可生物降解的收集袋，把园林垃圾放在指定位置，等垃圾收集车运走。如果把园林垃圾放入普通垃圾分类箱中，垃圾收集车会果断"拒绝服务"，还有可能被处罚。园林垃圾运回后，将作堆肥处理，所以收集袋内的树枝长度不能超过1m，直径不超过10cm，并且松子、坚果等不能放在里面，因为它们树脂含量高且有毒性，会使堆肥过程复杂化。

不过，每年都有这么一天，可以"放肆"地随意扔垃圾。那就是，垃圾狂欢日。在匈牙利各个城市，每年都有一个周末，可以不加分类地随意扔垃圾。在布达佩斯，每个区扔垃圾时间都不一样，这是为了方便垃圾回收公司有足够人力从街道上清运这些垃圾。每到这一天，各家各户都会把一年里积攒下的不知道怎么分类的垃圾或是不方便拿到垃圾收集站的大小杂物，一股脑儿地都扔在街边上，包括大件家具、被淘汰的显像管电视等。主妇们也会趁着周末，可以好好地做一次大扫除。

附 录

附录一：
生活垃圾分类制度实施方案

国家发展和改革委员会　住房城乡建设部

随着经济社会发展和物质消费水平大幅提高，我国生活垃圾产生量迅速增长，环境隐患日益突出，已经成为新型城镇化发展的制约因素，遵循减量化、资源化、无害化的原则，实施生活垃圾分类，可以有效改善城乡环境，促进资源回收利用，加快"两型社会"建设，提高新型城镇化质量和生态文明建设水平。为切实推动生活垃圾分类，根据党中央、国务院有关工作部署，特制定以下方案。

一、总体要求

（一）指导思想

全面贯彻党的十八大和十八届三中、四中、五中、六中全会精神，深入贯彻习近平总书记系列重要讲话精神和治国理政新理念新思想新战略，统筹推进"五位一体"总体布局和协调推进"四个全面"战略布局，牢固树立和贯彻落实创新、协调、绿色、开放、共享的新发展理念，加快建立分类投放、分类收集、分类运输、分类处理的垃圾处理系统，形成以法治为基础、政府推动、全民参与、城乡统筹、因地制宜的垃圾分类制度，努力提高垃圾分类制度覆盖范围，将生活垃圾分类作为推进绿色发展的重要举措，不断完善城市管理和服务，创造优良的人居环境。

（二）基本原则

政府推动，全民参与。落实城市人民政府主体责任，强化公共机构和企业示范带头作用，引导居民逐步养成主动分类的习惯，形成全社会共同参与

垃圾分类的良好氛围。

因地制宜，循序渐进。综合考虑各地气候特征、发展水平、生活习惯、垃圾成分等方面实际情况，合理确定实施路径，有序推进生活垃圾分类。

完善机制，创新发展。充分发挥市场作用，形成有效的激励约束机制，完善相关法律法规标准，加强技术创新，利用信息化手段提高垃圾分类效率。

协同推进，有效衔接。加强垃圾分类收集、运输、资源化利用和终端处置等环节的衔接，形成统一完整、能力适应、协同高效的全过程运行系统。

（三）主要目标

到 2020 年年底，基本建立垃圾分类相关法律法规和标准体系，形成可复制、可推广的生活垃圾分类模式，在实施生活垃圾强制分类的城市，生活垃圾回收利用率达到 35% 以上。

二、部分范围内先行实施生活垃圾强制分类

（一）实施区域

2020 年年底前，在以下重点城市的城区范围内先行实施生活垃圾强制分类。

1. 直辖市、省会城市和计划单列市。

2. 住房城乡建设部等部门确定的第一批生活垃圾分类示范城市，包括：河北省邯郸市、江苏省苏州市、安徽省铜陵市、江西省宜春市、山东省泰安市、湖北省宜昌市、四川省广元市、四川省德阳市、西藏自治区日喀则市、陕西省咸阳市。

3. 鼓励各省（区）结合实际，选择本地区具备条件的城市实施生活垃圾强制分类，国家生态文明试验区、各地新城新区应率先实施生活垃圾强制分类。

（二）主体范围

上述区域内的以下主体，负责对其产生的生活垃圾进行分类。

1. 公共机构。包括党政机关，学校、科研、文化、出版、广播电视等事业单位，协会、学会、联合会等社团组织，车站、机场、码头、体育场馆、演出场馆等公共场所管理单位。

2. 相关企业。包括宾馆、饭店、购物中心、超市、专业市场、农贸市场、农产品批发市场、商铺、商用写字楼等。

（三）强制分类要求

实施生活垃圾强制分类的城市要结合本地实际，于 2017 年年底前制定出台办法，细化垃圾分类类别、品种、投放、收运、处置等方面要求；其中，必须将有害垃圾作为强制分类的类别之一，同时参照生活垃圾分类及其评价标准，再选择确定易腐垃圾、可回收物等强制分类的类别。未纳入分类的垃圾按现行办法处理。

1. 有害垃圾

（1）主要品种。包括：废电池（镉镍电池、氧化汞电池、铅蓄电池等）、废荧光灯管（日光灯管、节能灯等）、废温度计、废血压计、废药品及其包装物、废油漆、溶剂及其包装物、废杀虫剂、消毒剂及其包装物、废胶片及废相纸等。

（2）投放暂存。按照便利、快捷、安全原则，设立专门场所或容器，对不同品种的有害垃圾进行分类投放、收集、暂存，并在醒目位置设置有害垃圾标志。对列入《国家危险废物名录》（环境保护部令第 39 号）的品种，应按要求设置临时贮存场所。

（3）收运处置。根据有害垃圾的品种和产生数量，合理确定或约定收运频率。危险废物运输、处置应符合国家有关规定。鼓励骨干环保企业全过程统筹实施垃圾分类、收集、运输和处置；尚无终端处置设施的城市，应尽快建设完善。

2. 易腐垃圾

（1）主要品种。包括：相关单位食堂、宾馆、饭店等产生的餐厨垃圾，农贸市场、农产品批发市场产生的蔬菜瓜果垃圾、腐肉、肉碎骨、蛋壳、畜禽产品内脏等。

（2）投放暂存。设置专门容器单独投放，除农贸市场、农产品批发市场可设置敞开式容器外，其他场所原则上应采用密闭容器存放。餐厨垃圾可由专人清理，避免混入废餐具、塑料、饮料瓶罐、废纸等不利于后续处理的杂质，并做到"日产日清"。按规定建立台账制度（农贸市场、农产品批发市场除外），记录易腐垃圾的种类、数量、去向等。

（3）收运处置。易腐垃圾应采用密闭专用车辆运送至专业单位处理，运

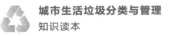
输过程中应加强对泄露、遗撒和臭气的控制。相关部门要加强对餐厨垃圾运输、处理的监控。

3. 可回收物

（1）主要品种。包括：废纸，废塑料，废金属，废包装物，废旧纺织物，废弃电器电子产品，废玻璃，废纸塑铝复合包装等。

（2）投放暂存。根据可回收物的产生数量、设置容器或临时存储空间，实现单独分类、定点投放，必要时可设专人分拣打包。

（3）收运处置。可回收物产生主体可自行运送，也可联系再生资源回收利用企业上门收集，进行资源化处理。

三、引导居民自觉开展生活垃圾分类

城市人民政府可结合实际制定居民生活垃圾分类指南，引导居民自觉、科学地开展生活垃圾分类。前述对有关单位和企业实施生活垃圾强制分类的城市，应选择不同类型的社区开展居民生活垃圾强制分类示范试点，并根据试点情况完善地方性法规，逐步扩大生活垃圾强制分类的实施范围。本方案发布前已制定地方性法规、对居民生活垃圾分类提出强制要求的，从其规定。

（一）单独投放有害垃圾

居民社区应通过设立宣传栏、垃圾分类督导员等方式，引导居民单独投放有害垃圾。针对家庭源有害垃圾数量少、投放频次低等特点，可在社区设立固定回收点或设置专门容器分类收集、独立储存有害垃圾，由居民自行定时投放，社区居委会、物业公司等负责管理，并委托专业单位定时集中收运。

（二）分类投放其他生活垃圾

根据本地实际情况，采取灵活多样、简便易行的分类方法。引导居民将"湿垃圾"（滤出水分后的厨余垃圾）与"干垃圾"分类收集、分类投放。有条件的地方可在居民社区设置专门设施对"湿垃圾"就地处理，或由环卫部门、专业企业采用专用车辆运至餐厨垃圾处理场所，做到"日产日清"。鼓励居民和社区对"干垃圾"深入分类，将可回收物交由再生资源回收利用企业收运和处置。有条件的地区可探索采取定时定点分类收运方式，引导居民将分类后的垃圾直接投入收运车辆，逐步减少固定垃圾桶。

四、加强生活垃圾分类配套体系建设

（一）建立与分类品种相配套的收运体系

完善垃圾分类相关标志，配备标志清晰的分类收集容器。改造城区内的垃圾房、转运站、压缩站等，适应和满足生活垃圾分类要求。更新老旧垃圾运输车辆，配备满足垃圾分类清运需求、密封性好、标志明显、节能环保的专用收运车辆。鼓励采用"车载桶装"等收运方式，避免垃圾分类投放后重新混合收运。建立符合环保要求、与分类需求相匹配的有害垃圾收运系统。

（二）建立与再生资源利用相协调的回收体系

健全再生资源回收利用网络，合理布局布点，提高建设标准，清理取缔违法占道、私搭乱建、不符合环境卫生要求的违规站点。推进垃圾收运系统与再生资源回收利用系统的衔接，建设兼具垃圾分类与再生资源回收功能的交投点和中转站。鼓励在公共机构、社区、企业等场所设置专门的分类回收设施。建立再生资源回收利用信息化平台，提供回收种类、交易价格、回收方式等信息。

（三）完善与垃圾分类相衔接的终端处理设施

加快危险废物处理设施建设，建立健全非工业源有害垃圾收运处理系统，确保分类后的有害垃圾得到安全处置。鼓励利用易腐垃圾生产工业油脂、生物柴油、饲料添加剂、土壤调理剂、沼气等，或与秸秆、粪便、污泥等联合处置。已开展餐厨垃圾处理试点的城市，要在稳定运营的基础上推动区域全覆盖。尚未建成餐厨（厨余）垃圾处理设施的城市，可暂不要求居民对厨余"湿垃圾"单独分类。严厉打击和防范"地沟油"生产流通。严禁将城镇生活垃圾直接用作肥料。加快培育大型龙头企业，推动再生资源规范化、专业化、清洁化处理和高值化利用。鼓励回收利用企业将再生资源送钢铁、有色、造纸、塑料加工等企业实现安全、环保利用。

（四）探索建立垃圾协同处置利用基地

统筹规划建设生活垃圾终端处理利用设施，积极探索建立集垃圾焚烧、餐厨垃圾资源化利用、再生资源回收利用、垃圾填埋、有害垃圾处置于一体的生活垃圾协同处置利用基地，安全化、清洁化、集约化、高效化配置相关设施，促进基地内各类基础设施共建共享，实现垃圾分类处理、资源利用、

废物处置的无缝高效衔接，提高土地资源节约集约利用水平，缓解生态环境压力，降低"邻避"效应和社会稳定风险。

五、强化组织领导和工作保障

（一）加强组织领导

省级人民政府、国务院有关部门要加强对生活垃圾分类工作的指导，在生态文明先行示范区、卫生城市、环境保护模范城市、园林城市和全域旅游示范区等创建活动中，逐步将垃圾分类实施情况列为考核指标；因地制宜探索农村生活垃圾分类模式。实施生活垃圾强制分类的城市人民政府要切实承担主体责任，建立协调机制，研究解决重大问题，分工负责推进相关工作；要加强对生活垃圾强制分类实施情况的监督检查和工作考核，向社会公布考核结果，对不按要求进行分类的依法予以处罚。

（二）健全法律法规

加快完善生活垃圾分类方面的法律制度，推动相关城市出台地方性法规、规章，明确生活垃圾强制分类要求，依法推进生活垃圾强制分类。发布生活垃圾分类指导目录。完善生活垃圾分类及站点建设相关标准。

（三）完善支持政策

按照污染者付费原则，完善垃圾处理收费制度。发挥中央基建投资引导带动作用，采取投资补助、贷款贴息等方式，支持相关城市建设生活垃圾分类收运处理设施。严格落实国家对资源综合利用的税收优惠政策。地方财政应对垃圾分类收运处理系统的建设运行予以支持。

（四）创新体制机制

鼓励社会资本参与生活垃圾分类收集、运输和处理。积极探索特许经营、承包经营、租赁经营等方式，通过公开招标引入专业化服务公司。加快城市智慧环卫系统研发和建设，通过"互联网＋"等模式促进垃圾分类回收系统线上平台与线下物流实体相结合。逐步将生活垃圾强制分类主体纳入环境信用体系。推动建设一批以企业为主导的生活垃圾资源化产业技术创新战略联盟及技术研发基地，提升分类回收和处理水平。通过建立居民"绿色账户""环保档案"等方式，对正确分类投放垃圾的居民给予可兑换积分奖励。探索"社工＋志愿者"等模式，推动企业和社会组织开展垃圾分类服务。

（五）动员社会参与

树立垃圾分类、人人有责的环保理念，积极开展多种形式的宣传教育，普及垃圾分类知识，引导公众从身边做起、从点滴做起。强化国民教育，着力提高全体学生的垃圾分类和资源环境意识。加快生活垃圾分类示范教育基地建设，开展垃圾分类收集专业知识和技能培训。建立垃圾分类督导员及志愿者队伍，引导公众分类投放。充分发挥新闻媒体的作用，报道垃圾分类工作实施情况和典型经验，形成良好社会舆论氛围。

附录二：
城市生活垃圾分类标志（GB/T 19095—2019）

前　言

本标准按照 GB/T 1.1—2009 给出的规则起草。

本标准代替 GB/T 19095—2008《生活垃圾分类标志》。本标准与 GB/T 19095—2008 相比，除编辑性修改外主要技术差异如下：

——修改了适用范围；

——增加了规范性引用文件；

——修改了标志的类别构成，删除了"大件垃圾""可燃垃圾""可堆肥垃圾"和"瓶罐"4 个标志类别，增加了"厨余垃圾""灯管""家用化学品""家庭厨余垃圾""餐厨垃圾"和"其他厨余垃圾"6 个标志类别；

——增加了"生活垃圾分类标志大类用图形符号"和"生活垃圾分类标志小类用图形符号"，以及各类别的图形符号、含义和说明的规定；

——删除了"大件垃圾""可燃垃圾""可堆肥垃圾"和"瓶罐"4 个类别的图形符号；

——增加了"厨余垃圾""灯管""家用化学品""餐厨垃圾""其他厨余垃圾"5 个类别的图形符号；

——修改了"有害垃圾""其他垃圾（干垃圾）"和"玻璃"的图形符号；

——将"餐厨垃圾"的图形符号修改为"家庭厨余垃圾"的图形符号；

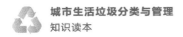

——增加了标志在版面、尺寸、配色的设计内容和要求，以及单图、竖式图文组合、横式图文组合标志的配色方案的规定；

——增加了对标志设置的位置、规格、安装、材料及维护的规定；

——删除了彩色标志示意图；

——增加了"有害垃圾""厨余垃圾"分类标志参考示例，2008 年版"有害垃圾""餐厨垃圾"的图形标志移至 A.1；

——增加了"生活垃圾分类标志设置示例"。

本标准由中华人民共和国住房和城乡建设部提出。

本标准由全国城镇环境卫生标准化技术委员会（SAC/TC451）归口。

本标准起草单位：北京市城市管理研究院、北京市城市管理委员会、上海市绿化和市容管理局、上海市环境工程设计科学研究院有限公司。

本标准主要起草人：张劲松、田光、李如刚、齐玉梅、张丽、黄慧。

本标准所代替标准的历次版本发布情况为：GB/T 19095—2003、GB/T 19095—2008。

生活垃圾分类标志

1. 范围

本标准规定了生活垃圾分类标志类别构成、大类用图形符号、大类标志的设计、小类用图形符号、小类标志的设计以及生活垃圾分类标志的设置。

本标准适用于生活垃圾的分类投放、分类收集、分类运输和分类处理工作。

2. 规范性引用文件

下列文件对于本文件的应用是必不可少的。凡是注日期的引用文件，仅注日期的版本适用于本文件。凡是不注日期的引用文件，其最新版本（包括所有的修改单）适用于本文件。

GB/T 15566.1 公共信息导向系统设置原则与要求第 1 部分：总则。

3. 生活垃圾分类标志类别构成

生活垃圾分类标志由 4 个大类标志和 11 个小类标志组成，类别构成见附表 2-1。

附表 2-1　标志的类别构成

序号	大类	小类
1	可回收物	纸类
2		塑料
3		金属
4		玻璃
5		织物
6	有害垃圾	灯管
7		家用化学品
8		电池
9	厨余垃圾	家庭厨余垃圾
10		餐厨垃圾
11		其他厨余垃圾
12	其他垃圾	
除上述 4 大类外,家具、家用电器等大件垃圾和装修垃圾应单独分类。		

注1:"厨余垃圾"也可称为"湿垃圾"。

注2:"其他垃圾"也可称为"干垃圾"。

4. 生活垃圾分类标志大类用图形符号

生活垃圾分类标志大类用图形符号见附表 2-2。

附表 2-2　垃圾分类标志

序号	标志	名称	说明
1	可回收物 Recyclable	可回收物	表示适宜回收利用的生活垃圾,包括纸类、塑料、金属、玻璃、织物等

续表

序号	标志	名称	说明
2		有害垃圾	表示《国家危险废物名录》中的家庭源危险废物,包括灯管、家用化学品和电池等
3		厨余垃圾	表示易腐烂的、含有机质的生活垃圾,包括家庭厨余垃圾、餐厨垃圾和其他厨余垃圾等
4		其他垃圾	表示除可回收物、有害垃圾、厨余垃圾外的生活垃圾

序号	标志	名称	说明
5		纸类	表示适宜回收利用的各类废书籍、报纸、纸板箱、纸塑铝复合包装等纸制品
6		塑料	表示适宜回收利用的各类废塑料瓶、塑料桶、塑料餐盒等塑料制品
7		金属	表示适宜回收利用的各类废金属易拉罐、金属瓶、金属工具等金属制品

续表

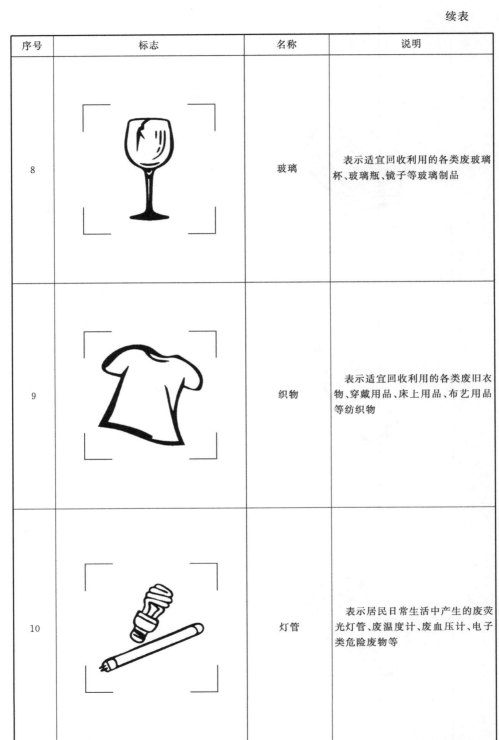

序号	标志	名称	说明
8		玻璃	表示适宜回收利用的各类废玻璃杯、玻璃瓶、镜子等玻璃制品
9		织物	表示适宜回收利用的各类废旧衣物、穿戴用品、床上用品、布艺用品等纺织物
10		灯管	表示居民日常生活中产生的废荧光灯管、废温度计、废血压计、电子类危险废物等

序号	标志	名称	说明
11		家用化学品	表示居民日常生活中产生的废药品及其包装物、废杀虫剂和消毒剂及其包装物、废油漆和溶剂及其包装物、废矿物油及其包装物、废胶片及废相纸等
12		电池	表示废电池,包括柱形和扣形电池等
13		家庭厨余垃圾	表示居民家庭日常生活过程中产生的菜帮、菜叶、瓜果皮壳、剩菜剩饭、废弃食物等易腐性垃圾,简称"厨余垃圾"

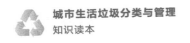
续表

序号	标志	名称	说明
14		餐厨垃圾	表示相关企业和公共机构在食品加工、饮食服务、单位供餐等活动中,产生的食物残渣、食品加工废料和废弃食用油脂等
15		其他厨余垃圾	表示农贸市场、农产品批发市场产生的蔬菜瓜果垃圾、腐肉、肉碎骨、水产品、畜禽内脏等,简称"厨余垃圾"

5. 生活垃圾分类标志大类标志的设计

5.1 标志版面

5.1.1 生活垃圾分类标志大类标志可分为单图、竖式图文组合和横式图文组合三种表现形式,其版面设计的尺寸应符合附图 2-1～附图 2-3 的规定。

5.1.2 生活垃圾分类标志大类标志上的中文应使用黑体字体,英文应使用 Arial 字体。中文和英文的行间距应为中文行高的 0.25 倍,英文行高(即首个大写英文字母的高度)应为中文行高的 0.5 倍。

5.2 标志尺寸

5.2.1 标志的最小尺寸应根据标志的最大观察距离确定,标志的尺寸与最大观察距离间的关系应由式(1) 确定:

说明：*a*——图形标志尺寸，m。

附图 2-1　单图标志尺寸

说明：*a*——图形标志尺寸，m。

附图 2-2　竖式图文组合标志尺寸

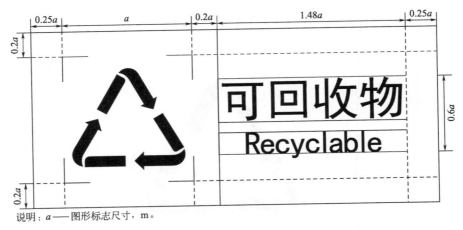

说明：a——图形标志尺寸，m。

附图 2-3　横式图文组合标志尺寸

$$a = 25L/1000 \tag{1}$$

式中　a——图形标志尺寸，m；

　　　L——最大观察距离，m。

5.2.2　标志的最大观察距离确定后，应按附表 2-3 所示的标志尺寸系列确定标志尺寸。

附表 2-3　标志尺寸系列

最大观察距离(L)	图形标志尺寸(a)	单图标志尺寸		竖式图文组合标志尺寸		横式图文组合标志尺寸	
		高(1.40a)	宽(1.40a)	高(2.00a)	宽(1.40a)	高(1.40a)	宽(3.18a)
0<L≤2.5	0.063	0.088	0.088	0.126	0.088	0.088	0.200
2.5<L≤4.0	0.100	0.140	0.140	0.200	0.140	0.140	0.318
4.0<L≤6.3	0.160	0.224	0.224	0.320	0.224	0.224	0.509
6.3<L≤10.0	0.250	0.350	0.350	0.500	0.350	0.350	0.795

5.3　标志配色

5.3.1　生活垃圾分类标志大类标志的颜色可选用白底黑图、白底彩图和基材底色图三种配色方案，基材底色图中图形的配色可采用白图、彩图和黑图，基材底色彩图应符合白底彩图中图形的色彩要求（见附表 2-4～附表 2-6）。

5.3.2　标志的配色方案应与周围环境、应用对象相协调，基材底色与图形符号应具有足够的对比度以确保图形标志的清晰和醒目。

5.3.3 标志的绿色色标应使用 PANTONE2259C(C：100，M：0，Y：100，K：30)，红色色标应使用 PANTONE485C(C：0，M：100，Y：100，K：0)，蓝色色标应使用 PANTONE647C（C：100，M：60，Y：0，K：20)，黑色色标应使用 PANTONEBlack7C(C：0，M：0，Y：0，K：100)。

注1：PANTONE色彩为美国标准认证色彩，其将颜色以数字语言的方式进行统一明确的描述。

注2：CMYK颜色模式是一种印刷模式。其中4个字母分别指青（Cyan）、洋红（Magenta）、黄（Yellow）、黑（Black），在印刷中代表四种颜色的油墨。

注3：上述颜色色标仅针对生活垃圾分类标志，不代表生活垃圾分类收集容器和生活垃圾运输车辆的颜色。

附表2-4 单图标志配色方案

序号	标志含义	白底黑图	基材底色图	白底彩图
1	可回收物			
2	有害垃圾			
3	厨余垃圾			

续表

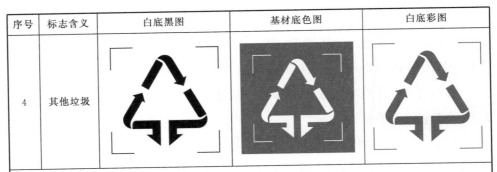

序号	标志含义	白底黑图	基材底色图	白底彩图
4	其他垃圾			

"有害垃圾""厨余垃圾"的分类标志图形符号,也可参考附录 A 进行设计和使用。

基材底色图的应用宜采用印刷式,见 8.4b。

注 1:生活垃圾分类标志的角标不是标志的组成部分,仅是设计和制作标志时的依据。

注 2:角标不出现在生活垃圾分类标志上。

注 3:基材底色图中的灰色仅代表实际应用时基材本身的颜色。

附表 2-5　竖式图文组合标志配色方案

序号	标志含义	白底黑图	基材底色图	白底彩图
1	可回收物	可回收物 Recyclable	可回收物 Recyclable	可回收物 Recyclable
2	有害垃圾	有害垃圾 Hazardous Waste	有害垃圾 Hazardous Waste	有害垃圾 Hazardous Waste

续表

序号	标志含义	白底黑图	基材底色图	白底彩图
3	厨余垃圾	厨余垃圾 Food Waste	厨余垃圾 Food Waste	厨余垃圾 Food Waste
4	其他垃圾	其他垃圾 Residual Waste	其他垃圾 Residual Waste	其他垃圾 Residual Waste

"有害垃圾""厨余垃圾"的分类标志图形符号,也可参考附录 A 进行设计和使用。
基材底色图的应用宜采用印刷式,见 8.4b。
注 1:生活垃圾分类标志的边框不是标志的组成部分,仅是制作标志时的依据。
注 2:基材底色图中的灰色仅代表实际应用时基材本身的颜色。

附表 2-6　横式图文组合标志配色方案

序号	标志含义	配色方案	标志
1	可回收物	白底黑图	可回收物 Recyclable

127

续表

序号	标志含义	配色方案	标志
1	可回收物	基材底色图	可回收物 Recyclable
		白底彩图	可回收物 Recyclable
2	有害垃圾	白底黑图	有害垃圾 Hazardous Waste
		基材底色图	有害垃圾 Hazardous Waste
		白底彩图	有害垃圾 Hazardous Waste

续表

序号	标志含义	配色方案	标志
3	厨余垃圾	白底黑图	厨余垃圾 Food Waste
		基材底色图	厨余垃圾 Food Waste
		白底彩图	厨余垃圾 Food Waste
4	其他垃圾	白底黑图	其他垃圾 Residual Waste
		基材底色图	其他垃圾 Residual Waste

续表

序号	标志含义	配色方案	标志
4	其他垃圾	白底彩图	其他垃圾 Residual Waste

"有害垃圾""厨余垃圾"的分类标志图形符号,也可参考附录 A 进行设计和使用。
基材底色图的应用宜采用印刷式,见 8.4b。
注 1:生活垃圾分类标志的边框不是标志的组成部分,仅是制作标志时的依据。
注 2:基材底色图中的灰色仅代表实际应用时基材本身的颜色。

6. 生活垃圾分类标志小类用图形符号

生活垃圾分类标志小类用图形符号见附表 2-7～附表 2-9。

附表 2-7　可回收物中小类标志用图形符号

序号	标志含义	图形符号	说明
1	纸类		表示适宜回收利用的各类废书籍、报纸、纸板箱、纸塑、铝复合包装等纸制品
2	塑料		表示适宜回收利用的各类废塑料瓶、塑料桶、塑料餐盒等塑料制品
3	金属		表示适宜回收利用的各类废金属易拉罐、金属瓶、金属工具等金属制品

续表

序号	标志含义	图形符号	说明
4	玻璃		表示适宜回收利用的各类废玻璃杯、玻璃瓶、镜子等玻璃制品
5	织物		表示适宜回收利用的各类废旧衣物、穿戴用品、床上用品、布艺用品等纺织物

附表 2-8　有害垃圾中小类标志用图形符号

序号	标志含义	图形符号	说明
1	灯管		表示居民日常生活中产生的废荧光灯管、废温度计、废血压计、电子类危险废物等
2	家用化学品		表示居民日常生活中产生的废药品及其包装物、废杀虫剂和消毒剂及其包装物、废油漆和溶剂及其包装物、废矿物油及其包装物、废胶片及废相纸等

续表

序号	标志含义	图形符号	说明
3	电池		表示居民日常生活中产生的废镍镉电池和氧化汞电池等

附表 2-9　厨余垃圾中小类标志用图形符号

序号	标志含义	图形符号	说明
1	家庭厨余垃圾		表示居民家庭日常生活过程中产生的菜帮、菜叶、瓜果皮壳、剩菜剩饭、废弃食物等易腐性垃圾,简称"厨余垃圾"
2	餐厨垃圾		表示相关企业和公共机构在食品加工、饮食服务、单位供餐等活动中,产生的食物残渣、食品加工废料和废弃食用油脂等
3	其他厨余垃圾		表示农贸市场、农产品批发市场产生的蔬菜瓜果垃圾、腐肉、肉碎骨、水产品、畜禽内脏等,简称"厨余垃圾"

7. 生活垃圾分类标志小类标志的设计

7.1 标志版面

7.1.1 生活垃圾分类标志小类标志可分为单图、竖式图文组合和横式图文组合三种表现形式，其版面设计的尺寸应符合附图 2-4～附图 2-6 的规定。

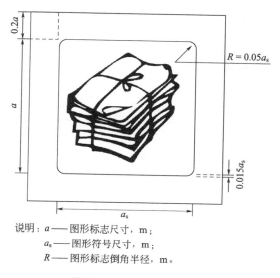

说明：a——图形标志尺寸，m；

　　　a_s——图形符号尺寸，m；

　　　R——图形标志倒角半径，m。

附图 2-4　单图标志尺寸

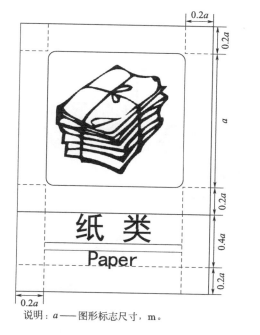

说明：a——图形标志尺寸，m。

附图 2-5　竖式图文组合标志尺寸

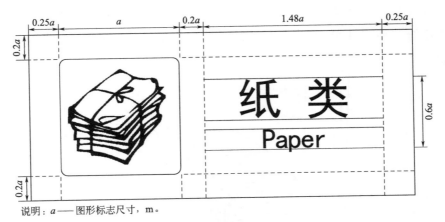

说明：*a*——图形标志尺寸，m。

附图 2-6 横式图文组合标志尺寸

7.1.2 生活垃圾分类标志小类标志上中文和英文的字体、行间距、行高按 5.1.2 执行。

7.2 标志尺寸

生活垃圾分类标志小类标志的标志尺寸按 5.2.1、5.2.2 执行。

7.3 标志配色

生活垃圾分类标志小类标志的配色方案按 5.3.1、5.3.2 执行（见附表 2-10～附表 2-12），颜色色标按 5.3.3 执行。

附表 2-10 单图标志配色方案

序号	标志含义	白底黑图	基材底色图	白底彩图
1	纸类			
2	塑料			

序号	标志含义	白底黑图	基材底色图	白底彩图
3	金属			
4	玻璃			
5	织物			
6	灯管			
7	家用化学品			

续表

序号	标志含义	白底黑图	基材底色图	白底彩图
8	电池		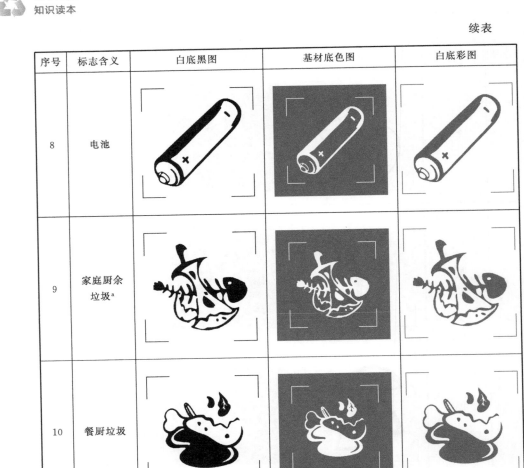	
9	家庭厨余 垃圾^a			
10	餐厨垃圾			
11	其他厨余 垃圾^b			

基材底色图的应用宜采用印刷式,具体详见 8.4b。

注 1:生活垃圾分类标志的角标不是标志的组成部分,仅是设计和制作标志时的依据。

注 2:角标不出现在生活垃圾分类标志上。

注 3:基材底色图中的灰色仅代表实际应用时基材本身的颜色。

a."家庭厨余垃圾",可简称"厨余垃圾"。

b."其他厨余垃圾",可简称"厨余垃圾"。

附表 2-11　竖式图文组合标志配色方案

序号	标志含义	白底黑图	基材底色图	白底彩图
1	纸类	纸类 Paper	纸类 Paper	纸类 Paper
2	塑料	塑料 Plastic	塑料 Plastic	塑料 Plastic
3	金属	金属 Metal	金属 Metal	金属 Metal
4	玻璃	玻璃 Glass	玻璃 Glass	玻璃 Glass

序号	标志含义	白底黑图	基材底色图	白底彩图
5	织物	织 物 Textiles	织 物 Textiles	织 物 Textiles
6	灯管	灯 管 Tubes	灯 管 Tubes	灯 管 Tubes
7	家用 化学品	家用化学品 Household Chemicals	家用化学品 Household Chemicals	家用化学品 Household Chemicals
8	电池	电 池 Batteries	电 池 Batteries	电 池 Batteries

序号	标志含义	白底黑图	基材底色图	白底彩图
9	家庭厨余垃圾[a]	家庭厨余垃圾 Household Food Waste	家庭厨余垃圾 Household Food Waste	家庭厨余垃圾 Household Food Waste
10	餐厨垃圾	餐厨垃圾 Restaurant Food Waste	餐厨垃圾 Restaurant Food Waste	餐厨垃圾 Restaurant Food Waste
11	其余厨余垃圾[b]	其他厨余垃圾 Other Food Waste	其他厨余垃圾 Other Food Waste	其他厨余垃圾 Other Food Waste

a. "家庭厨余垃圾"，可简称"厨余垃圾"。
b. "其他厨余垃圾"，可简称"厨余垃圾"。

附表 2-12　标志横式图文组合标志配色方案

序号	标志含义	配色方案	标志
1	纸类	白底黑图	纸 类 Paper

续表

序号	标志含义	配色方案	标志
1	纸类	基材底色图	纸类 Paper
		白底彩图	纸类 Paper
2	塑料	白底黑图	塑料 Plastic
		基材底色图	塑料 Plastic
		白底彩图	塑料 Plastic

序号	标志含义	配色方案	标志
3	金属	白底黑图	金 属 Metal
		基材底色图	金 属 Metals
		白底彩图	金 属 Metal
4	玻璃	白底黑图	玻 璃 Glass
		基材底色图	玻 璃 Glass
		白底彩图	玻 璃 Glass

续表

序号	标志含义	配色方案	标志
5	织物	白底黑图	织物 Textiles
		基材底色图	织物 Textiles
		白底彩图	织物 Textiles
6	灯管	白底黑图	灯管 Tubes
		基材底色图	灯管 Tubes
		白底彩图	灯管 Tubes

序号	标志含义	配色方案	标志
7	家用化学品	白底黑图	家用化学品 Household Chemicals
		基材底色图	家用化学品 Household Chemicals
		白底彩图	家用化学品 Household Chemicals
8	电池	白底黑图	电池 Batteries
		基材底色图	电池 Batteries
		白底彩图	电 池 Batteries

续表

序号	标志含义	配色方案	标志
9	家庭厨余垃圾[a]	白底黑图	家庭厨余垃圾 Household Food Waste
		基材底色图	家庭厨余垃圾 Household Food Waste
		白底彩图	家庭厨余垃圾 Household Food Waste
10	餐厨垃圾	白底黑图	餐厨垃圾 Restaurant Food Waste
		基材底色图	餐厨垃圾 Restaurant Food Waste
		白底彩图	餐厨垃圾 Restaurant Food Waste

续表

序号	标志含义	配色方案	标志
11	其他厨余垃圾[b]	白底黑图	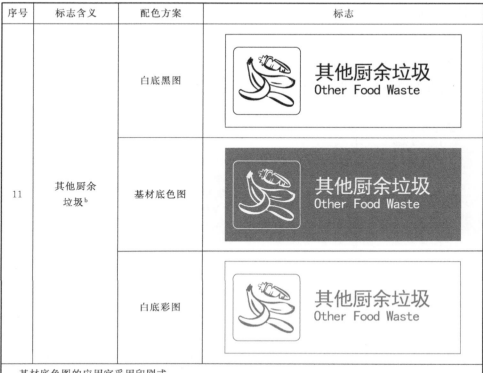
		基材底色图	
		白底彩图	

基材底色图的应用宜采用印刷式。
注1:生活垃圾分类标志的边框不是标志的组成部分,仅是设计和制作标志时的依据。
注2:基材底色图中的灰色仅代表实际应用时基材本身的颜色。

a.“家庭厨余垃圾”可简称“厨余垃圾”。
b.“其他厨余垃圾”可简称“厨余垃圾”。

附录三:
城市生活垃圾分类及其评价标准
(CJJ/T 102—2004)(摘编)

1. 总则

1.1　为了进一步促进城市生活垃圾的分类收集和资源化利用,使城市生活垃圾分类规范、收集有序、有利处理,制定本标准。

1.2　本标准适用于城市生活垃圾的分类、投放、收运和分类评价。城市生活垃圾中的建筑垃圾不适用于本标准。

1.3 城市生活垃圾（以下称垃圾）的分类、投放、收运和分类评价除应符合本标准外，尚应符合国家现行有关强制性标准的规定。

2. 分类方法

2.1 分类类别

城市生活垃圾分类应符合附表 3-1 的规定。

附表 3-1 城市生活垃圾分类

分类	分类类别	内容
一	可回收物	包括下列适宜回收循环使用和资源利用的废物： （1）纸类 未严重玷污的文字用纸、包装用纸和其他纸制品等； （2）塑料 废容器塑料、包装塑料等塑料制品； （3）金属 各种类别的废金属物品； （4）玻璃 有色和无色废玻璃制品； （5）织物 旧纺织衣物和纺织制品
二	大件垃圾	体积较大、整体性强，需要拆分再处理的废弃物品。包括废家用电器和家具等
三	可堆肥垃圾	垃圾中适宜于利用微生物发酵处理并制成肥料的物质。包括剩余饭菜等易腐食物类厨余垃圾，树枝花草等可堆沤植物类垃圾等
四	可燃垃圾	可以燃烧的垃圾。包括植物类垃圾，不适宜回收的废纸类、废塑料橡胶、旧织物用品、废木材等
五	有害垃圾	垃圾中对人体健康或自然环境造成直接或潜在危害的物质。包括废日用小电子产品、废油漆、废灯管、废日用化学品和过期药品等
六	其他垃圾	在垃圾分类中，按要求进行分类以外的所有垃圾

2.2 分类要求

2.2.1 垃圾分类应根据城市环境卫生专业规划要求，结合本地区垃圾的特性和处理方式选择垃圾分类方法。

（1）采用焚烧处理垃圾的区域，宜按可回收物、可燃垃圾、有害垃圾、大件垃圾和其他垃圾进行分类。

（2）采用卫生填埋处理垃圾的区域，宜按可回收物、有害垃圾、大件垃圾和其他垃圾进行分类。

（3）采用堆肥处理垃圾的区域，宜按可回收物、可堆肥垃圾、有害垃圾、大件垃圾和其他垃圾进行分类。

2.2.2 应根据已确定的分类方法制定本地区的垃圾分类指南。

2.2.3 已分类的垃圾，应分类投放、分类收集、分类运输、分类处理。

2.3 分类操作

2.3.1 垃圾分类应按本地区垃圾分类指南进行操作。

2.3.2 分类垃圾应按规定投放到指定的分类收集容器或地点，由垃圾收集部门定时收集，或交废品回收站回收。

2.3.3 垃圾分类应按国家现行标准《城市环境卫生设施设置标准》（CJJ 27）的要求设置垃圾分类收集容器。

2.3.4 垃圾分类收集容器应美观适用，与周围环境协调容器表面应有明显标志，标志应符合现行国家标准《城市生活垃圾分类标志》的规定。

2.3.5 分类垃圾收集作业应在本地区环卫作业规范要求的时间内完成。

2.3.6 分类垃圾的收集频率，宜根据分类垃圾的性质和排放量确定。

2.3.7 大件垃圾应按指定地点投放，定时清运，或预约收集清运。

2.3.8 有害垃圾的收集、清运和处理，应遵守城市环境保护主管部门的规定。

3. 评价指标

3.1 根据本地区城市环境卫生规划和垃圾特性，制定垃圾分类实施方案，明确垃圾分类收集进度和垃圾减量化目标。

3.2 垃圾分类收集应实行信息化管理。

3.3 垃圾分类评价指标，应包括知晓率、参与率、容器配置率、容器完好率、车辆配置率、分类收集率、资源回收率和末端处理率。

参 考 文 献

[1] 李颖，尹荔堃，李蔚然．国内外城市生活垃圾收运系统剖析［J］．环境工程，2010，28（S1）：
    250-253.

[2] 李明，李振卿．城市垃圾分类对策［J］．中国科技信息，2019（20）：38-39.

[3] 丽娜．垃圾分类行业现状及未来发展趋势分析［J］．资源节约与环保，2019（10）：146.

[4] 刘燕．城市生活垃圾分类现状及处理前景探讨［J］．环境与发展，2019，31（08）：75-77.

[5] 杨雪锋，王淼峰，胡群．垃圾分类：行动困境、治理逻辑与政策路径［J］．治理研究，2019，35
    （06）：108-114.

[6] 刘丽娜．垃圾分类行业现状及未来发展趋势分析［J］．资源节约与环保，2019（10）：146.

[7] 张黎．生活垃圾分类的国内外对比与分析［J］．环境卫生工程，2019，27（05）：8-12.

[8] 张超．城市居民生活垃圾分类回收法律制度研究［D］．山西财经大学，2017.

[9] 徐海云．我国可回收垃圾资源化利用水平比较分析［J］．环境保护，2016，44（19）：39-44.

[10] 陈海滨，项田甜．生活垃圾分类"2＋n"模式探究［J］．环境卫生工程，2016，24（05）：
    77-79.

[11] 陈海滨，杨龑，刘彩．基于产生源特性的生活垃圾分类"2＋n"模式拓展研究［J］．环境卫生工
    程，2017，25（03）：1-3.

[12] 石朗渡．"无废城市"促进绿色发展［N］．人民日报，2019-11-22（005）.

[13] 刘丽娜．垃圾分类行业现状及未来发展趋势分析［J］．资源节约与环保，2019（10）：146.

[14] 郭志达，王月，丹颖．"无废城市"建设的结构模式与主要思路［J/OL］．环境监测管理与技术：
    1-4.

[15] 谭灵芝，孙奎立．我国生活垃圾无害化向减量化处理处置转换路径探析［J］．中国环境管理，
    2019，11（05）：61-66，15.

[16] 杜欢政，刘飞仁．我国城市生活垃圾分类收集的难点及对策［J/OL］．新疆师范大学学报（哲学
    社会科学版），2020（01）：1-11.

[17] 陈欢．多元共治在城市生活垃圾分类中的运用［J］．中共青岛市委党校．青岛行政学院学报，
    2019（05）：91-96.